U0457571

中|华|国|学|经|典|普|及|本

了凡四训

〔明〕袁了凡　著

宿春君　译注

中国书店

图书在版编目（CIP）数据

了凡四训 /（明）袁了凡著；宿春君译注 . —北京：
中国书店，2024.10
（中华国学经典普及本）
ISBN 978-7-5149-3389-5

Ⅰ . ①了… Ⅱ . ①袁… ②宿… Ⅲ . ①《了凡四训》
Ⅳ . ① B823.1

中国国家版本馆 CIP 数据核字（2024）第 058707 号

了凡四训

〔明〕袁了凡 著　宿春君　译注
责任编辑：赵文杰

出版发行：中 国 书 店
地　　址：北京市西城区琉璃厂东街 115 号
邮　　编：100050
电　　话：（010）63013700（总编室）
　　　　　（010）63013567（发行部）
印　　刷：三河市嘉科万达彩色印刷有限公司
开　　本：880 mm×1230 mm　1/32
版　　次：2024 年 10 月第 1 版第 1 次印刷
字　　数：138 千
印　　张：7.5
书　　号：ISBN 978-7-5149-3389-5
定　　价：55.00 元

"中华国学经典普及本"编委会

前言

　　家庭是人生的第一所学校，父母是孩子的启蒙老师。在我国古代深厚悠久的传统文化中，重德向善是每个家庭的家训之纲。让子女将美好的德行和圣贤的智慧代代相传，是每位父母的心愿，也是中华文化经久不息的根源之一。

　　无论生于闾阎之中，还是帝王之家，父母对于孩子的道德培养都倾注着全部的心血。本书汇集了两本教子之书，即来自民间的《了凡四训》和出自帝王之手的《庭训格言》。虽然家庭背景不同，言传身教的具体方式也大有差别，但本质上是相通的，很多观点都有异曲同工之妙。

　　《了凡四训》源于作者袁了凡对自身经历的深刻感悟。袁了凡，明代嘉善（今浙江省嘉兴市嘉善县）人，初名表，后改名黄，字庆远，又字坤仪、仪甫，初号学海，后改号了凡。《了凡四训》开篇便追溯作者少年曾遇异人，被算定一生命运，后拜会云谷禅师，受"立命之学"，遂躬行实践，从此自造命数，福禄寿算皆有增长。"了凡"便是他决定不再做一个受制于天命的凡夫俗子而更改的名号。了凡一生颇有功业，亦多著述，思想融汇儒释道三家，以训子书《了凡四训》流布最广。

　　《了凡四训》共分"立命之学""改过之法""积善之

方""谦德之效"四篇。全书围绕积善求福的要义，认为应首先树立"命由我作，福自己求"的观念；再于行善之前改正缺点，不生邪念；进而以大量的事例充分说明行善的必要性，并将善行细致分类，加以阐释分析，涉及传统伦理道德的方方面面；最后，当行善获得福报后，了凡不忘告诫子孙要谦虚谨慎，虚己待人。

如今我们常说的"从前种种，譬如昨日死；从后种种，譬如今日生"便出自《了凡四训》。这句名言被弘一法师作为修身格言，多次手书赠予他人。曾国藩也深受这句话的影响，为此给自己取名"涤生"，即洗涤旧迹、重获新生之意，并视《了凡四训》为教子的首选之书。几百年来，这部书陪伴一代代人成长修行，至今流传不息。

本书将《了凡四训》分为原文、注释、译文、点评四个部分，以文意完整、便于点评的原则划分段落，点评中或结合历史典故相互印证推演，或超越时代局限辩证分析，对原文中的部分观点给予理性解读，取其所长，完善不足，其中也不乏译注者的一己之见，仅供读者参考与讨论。

《庭训格言》为康熙皇帝晚年教导诸位皇子的语录，由雍正皇帝在康熙死后整理编订而成。相比《了凡四训》，康熙对子嗣的教诲更加广博而具体，更具生活气息，以随讲随记的形式，条条训诫并无体系，但语言平实亲切，从治国到养生，从历法到音律，从礼乐文章到诸子百家，无所不包，却又都囊括于"格物致知"与"修齐治平"八个字中。由于《庭训格言》本身晓畅易懂，本书仅对其中个别字词、典故加以注释，以便读者阅读。

两本出自不同背景的教子之书，体现了两种不同风格，二者互为补充，读者可以相互参照。编者能力所限，无法保证尽善尽美，或有不当之处，幸望读者指正。

目录

第一篇 立命之学

【原文】

余童年丧父，老母命弃举业①学医，谓可以养生②，可以济人③，且习一艺以成名，尔父夙心④也。

【注释】

①举业：科举时代用以应试的诗文课业。明、清时专指习八股文。

②养生：维持生计。生，生活。

③济人：指用医术帮助别人。济，救助。

④夙心：平素的心愿。

【译文】

我童年时，父亲就去世了，老母亲让我放弃应试的学业而去学医，说这样既可以维持生计，又能救助他人，而且习得一技之长并以此成名，也是父亲平素的心愿。

【点评】

从身世之初讲起，成长离不开家庭的影响。了凡先生童年不幸失怙，只能与母亲相依为命，可以想见，逆境促使他早早地思索人生，以抵抗多舛而漫长的命运。迫于生计，贤德的母亲为他选择了弃学从医的道路。"不为良相，便为良医"是自古以来忧国忧民者的心声，救助生命与治理天下有着相通之处，它们都关乎民生疾苦。"良医"更像是退一步的"良相"，由于参加科举求取功名是一个漫长而不易的投资，当生存都成为问题时，"良相"很可能成为遥远的梦想，而"良医"却可以兼顾现实与志向。

【原文】

后余在慈云寺，遇一老者，修髯①伟貌，飘飘若仙，余敬礼之。

【注释】

①髯（rán）：两腮的胡子，也泛指胡子。

【译文】

后来，我在慈云寺遇到一位老人，长须飘飘，仪表堂堂，好像神仙一般，我对他非常尊敬并以礼相待。

【点评】

三言两语便带入了一个故事的开端，这似乎是一次不寻常的经历。对这位老者形象的描述，简练而传神，寺院和仙风道骨的老者使人自然联想到因缘际会的传奇故事，而后文则证实了这次经历对了凡人生的变化转折。

【原文】

语余曰："子仕路①中人也，明年即进学②，何不读书？"余告以故，并叩老者姓氏里居。曰："吾姓孔，云南人也。得邵子③皇极数正传，数该传汝。"余引之归，告母。母曰："善待之。"试其数，纤悉④皆验。余遂起读书之念，谋之表兄沈称，言："郁海谷先生，在沈友夫家开馆，我送汝寄学甚便。"余遂礼郁为师。

【注释】

①仕路：仕途，做官的途径。

②进学：科举时，童生参加岁试，被录取入府县学肄业称为进学，也就是成为秀才。

③邵子：邵雍，北宋哲学家，字尧夫，谥号康节，理学象数派创立者。代表作有《皇极经世书》《伊川击壤集》等。

④纤悉：细微详尽。

【译文】

老人对我说："你注定是仕途之人啊，明年就能考中秀才，为什么不去读书呢？"我向他说明了缘故，并请问他的姓名和住处。他说："我姓孔，是云南人。得到了邵雍《皇极经世书》的真传，根据运数正应该将此传授于你。"我把老人请回家，告诉母亲。母亲说："好好招待老人家。"我们试验他的象数命理，细微详尽无不应验。我于是动了读书的念头，与表兄沈称商量此事，他说："郁海谷先生正在沈友夫家开设学馆，我送你到那里学习，很方便。"我于是拜郁海谷先生为师。

【点评】

易学是我国传统文化的精粹之一，这是一个涵括了天道、地道、人道在内的宏大哲学体系。邵雍便是以《易经》为基础，加上多重哲学概念的运用，来推算天地的演化和历史的演进的，只可惜世人往往只关注他遇事先知的表象。正如了凡在年少的这次奇遇，或许有人理解为荒诞的迷信或巧合，实则缘于了凡与母亲对老人的诚心和敬意。机遇并非偶然，它往往留给那些有禀赋、有准备的人。

【原文】

孔为余起数①：县考童生②，当十四名；府考③七十一名；提学考④第九名。明年赴考，三处名数皆合。复为卜终身休咎⑤，言：某年考第几名，某年当补廪⑥，某年当贡⑦，贡后某年，当选四川一大尹⑧，在任三年半，即宜告归。五十三岁八月十四日丑时，当终于正寝，惜无子。余备录而谨记之。

【注释】

①起数：占卜用语，根据"象"（即各种现实中已存在的事物的表征），按照既定规则换算为"数"，搭配成卦，继而分析卦变的各种可能性，以此预测事物未来发展的趋势。

②县考童生：县考，由知县主持的考试。童生，明清时代没

有考取秀才的习举业的读书人，无论年龄大小，都称为童生。

③府考：由府一级进行的考试，通过县考后才有资格参加。

④提学考：即院考，通过府考后才有资格参加。提学为官名。

⑤休咎：吉凶。

⑥补廪（lǐn）：明清科举制度中，生员经岁试、科试成绩优异者，增生可依次升为廪生，称为"补廪"。

⑦当贡：从府、州、县生员中选拔入京师国子监读书。

⑧大尹：对府、县行政长官的称呼。

【译文】

孔老先生为我占卜：童生县考时，应考中第十四名；府考时为七十一名；提学考时为第九名。次年，我去考试，三个名次都完全符合。又请他占卜我一生的吉凶，说：哪年考第几名，哪年升为廪生，哪年被选入京师国子监读书，入贡后哪年会当选为四川的一个县官，在职三年半就该辞官还乡了。五十三岁那年的八月十四日丑时，将寿终正寝，可惜没有子嗣。我把这些都记录下来，并牢牢记住。

【点评】

因为三次考试的名次都符合老先生之前的占卜结果，年少的了凡便开始笃信命数。前路漫漫，却似乎清晰可见，连离世时辰都讲得十分精准，让人诧异的同时，也难免心生敬畏。但既定的未来和一眼望穿的人生还剩多少乐趣和价值呢？此时的了凡还年轻，他的人生究竟有多少可能恐怕并不是一次占卜就能概括的。

【原文】

自此以后，凡遇考校，其名数先后，皆不出孔公所悬定①者。独算余食廪米②九十一石五斗当出贡③，及食米七十一石，屠宗师④即批准补贡，余窃疑之。

【注释】

①悬定：预测，推算。

②廪米：官府按月发给在学生员的粮食。

③出贡：此处指秀才成为贡生。秀才一经成为贡生，就不再受儒学管教，俗称"出贡"。

④宗师：明清时对提督学道、提督学政的尊称。

【译文】

从此以后，凡是遇到考试，我的排名先后都不出孔老先生预测的结果。唯独说我领取九十一石廪米时才能出贡，但当我领取七十一石时，提学屠大人就批准我补了贡生，我暗自怀疑先生的预测了。

【点评】

这是在遇见孔老先生之后，了凡第一次碰到不符合老人卜算结果的情况。对比此前几年来与预测毫无二致的学习生活，这让了凡对命运的笃信有了一丝动摇。

【原文】

后果为署印①杨公所驳，直至丁卯年，殷秋溟宗师见余场中备卷，叹曰："五策②，即五篇奏议也，岂可使博洽淹贯③之儒，老于窗下乎！"遂依县申文准贡。连前食米计之，实九十一石五斗也。余因此益信进退有命，迟速有时，澹然④无求矣。

【注释】

①署印：代理官职。旧时官印最为重要，同于官位，故名。此处指代理提学之职的杨姓官员。

②策：科举考试的一种文体。提出问题称为"策问"，回答问题、陈述见解称为"对策""射策"。

③博洽淹贯：形容学识广博，深通广晓。洽，广博。淹，渊博。贯，贯通。

④澹（dàn）然：清心寡欲的样子。

【译文】

后来，我的出贡资格果然被代理提学的杨大人驳回，直到丁卯年（1567），提学殷秋溟大人看到我考场上的备选试卷，感叹道："这五篇策论，就是五篇呈给皇上的奏议啊，怎么能让这样深通广晓的儒生老于窗下呢！"于是便依从县里的申文批准我出贡。连同此前所领取的廪米一同计算，的确是九十一石五斗。我因此更加相信进退自有命数，机会来得早还是晚自有其时间，便无欲无求了。

【点评】

从殷秋溟的感叹中，足见了凡当时才学非凡，而此前杨大人的误判也不是个例，科举时代因考官的主观评定或贪墨受贿而被埋没的人才从来都有。好在作者又幸运地遇到了伯乐。但这一程起起落落，又恰恰符合了孔老先生的预测，原先的疑惑不攻自破，作者似乎再没有质疑的理由了，于是陷入了更深的宿命论中，无所争取，无所追寻。戏剧性的波折竟换来了死水般的平庸。

【原文】

贡入燕都①，留京一年，终日静坐，不阅文字。己巳归，游南雍②，未入监③，先访云谷会禅师④于栖霞山中，对坐一室，凡三昼夜不瞑目。

云谷问曰："凡人所以不得作圣者，只为妄念相缠耳。汝坐三日，不见起一妄念，何也？"

余曰："吾为孔先生算定，荣辱生死，皆有定数，即要妄想，亦无可妄想。"云谷笑曰："我待汝是豪杰，原来只是凡夫。"

【注释】

①燕都：燕京，即今北京。

②南雍：明代称设在南京的国子监。雍，辟雍，古代的大学。

③入监：进入国子监读书。国子监为中国古代最高学府和教育管理机构。

④云谷会禅师：云谷乃禅师的号，法名为"法会"。云谷禅师是明代中兴禅宗的大德。

【译文】

作为贡生进入北京，留在京城的一年中，我整日静坐，不读文字。己巳年（1569）回来，到南京国子监读书，还没入监时，先到栖霞山拜访了云谷禅师，与他在一间禅房内相对而坐，一共三天三夜没有合眼。

云谷禅师问道："普通人之所以不能成为圣人，是因为他们仅仅被妄念纠缠罢了。你静坐三日，却不见你动一分妄念，这是何故？"

我回答："我已被孔老先生算定了命运，荣辱生死，都有定数，即便要妄想，也没有什么可妄想的。"云谷禅师笑道："我把你当豪杰对待，原来只是个凡夫俗子啊。"

【点评】

被卜算的命数所捆缚，了凡无意进取，心如死灰。或许他对自己的心境有所意识，到了南京这处人文圣地，便前往栖霞山拜访当时的高僧云谷禅师，希望求得点化。梁武帝曾在栖霞山开凿千佛岭，日久荒废，直到云谷禅师选其作为修行之地，栖霞山才随禅师的名声而震动金陵，后在当地官员和名流的帮助中恢复了栖霞道场。

心如死灰的了凡不但和禅师一起静坐了三天三夜，而且毫无杂念，看起来好像定力非凡，连云谷禅师都把他当作豪杰，但实际上，此时的了凡比心存杂念的普通人还要可悲。所幸，云谷禅师为他打开了久已封锁的人生之门。

【原文】

问其故，曰："人未能无心①，终为阴阳所缚，安得无数？但惟凡人有数；极善之人，数固拘他不定；极恶之人，数亦拘他不定。汝二十年来，被他算定，不曾转动一毫，岂非是凡夫？"

余问曰："然则数可逃乎？"曰："命由我作，福自己求。诗书所称，的为明训。我教典中说：求富贵得富贵，求男女得男女，求长寿得长寿。夫妄语乃释迦大戒，诸佛菩萨，岂诳语欺人？"

余进曰："孟子言：求则得之。是求在我者也。道德仁义，可以力求；功名富贵，如何求得？"云谷曰："孟子之言不错，汝自错解耳。汝不见六祖②说：一切福田③，不离方寸④；从心而觅，感无不通。求在我，不独得道德仁义，亦得功名富贵；内外双得，是求有益于得也。

"若不反躬内省，而徒向外驰求，则求之有道，而得之有命矣，内外双失，故无益。"

【注释】

①心：此处指妄想之心。

②六祖：指佛教禅宗在我国的第六代祖师惠能。俗姓卢，唐朝高僧，佛教禅宗南宗的创始人，弘扬"直指人心，见性成佛"的顿悟法门，著有《坛经》。

③福田：佛教用语，即有福之田，佛家讲行善可得福报，有如种田收获稻谷。

④方寸：指"心"。

【译文】

我问禅师为何这样说，禅师回答："人不可能没有妄想之心，最终被天地所束缚，怎么能没有定数呢？但只有普通人才有定数，最善的人，定数无法束缚于他；最坏的人，定数也无法束缚于他。你二十年来都被老先生算定，不曾有一丝一毫的变动，难道不是凡夫俗子吗？"

我问道："既然这样，那么定数是可以逃脱的吗？"云谷禅师答道："命数是自己创造的，福分是自己求得的。这是诗书中所讲，的确是明智的训诫。佛教经典中说：求取富贵的就能得到富贵，求取男女后代的就能得到男女后代，寻求长寿的也能得到长寿。说谎是佛家大戒，佛祖和菩萨怎么可能打诳语来欺骗众生呢？"

我进而追问："孟子说：去追求就能得到。这是说要内求于我自己。道德和仁义可以通过自己的内心求得，功名和富贵怎么能内求呢？"云谷禅师说："孟子的话说得没错，是你理解错了。你没听过六祖惠能曾说：一切福田，不离内心；从心找寻，无所不通。求诸内心，不仅能得到道德仁义，也能得到功名富贵；内外兼得，是有益于获得的探求啊。

"如果不反躬自省，而徒劳地向外求取，那么即便求取有方，所得的也是命中注定的而已，内外兼失，所以并无益处。"

【点评】

读书多年、通过了重重考试、能写出堪比奏议之策的了凡，却难以领会书中的真谛。同样是解释孟子的"求则得之"，他与云谷禅师展示了各自不同的人生观，一个局限，一个通透，高下分明。可见，一个人的才学并不能决定他人生的境界和心智的成熟。正是笃信命数的观念遮蔽了他自我提升的可能。

而云谷禅师循循善诱，先引儒家经典，再援佛家典籍，两相印证，耐心地把了凡从过去的思维定式中拉了出来。

【原文】

因问："孔公算汝终身若何？"余以实告。云谷曰："汝自揣应得科第否？应生子否？"余追省良久，曰："不应也。科第中人，类有福相，余福薄，又不能积功累行，以基厚福；兼不耐烦剧①，不能容人；时或以才智盖人，直心直行，轻言妄谈。凡此皆薄福之相也，岂宜科第哉。

"地之秽者多生物，水之清者常无鱼，余好洁，宜无子者一；和气能育万物，余善怒，宜无子者二；爱为生生②之本，忍为不育之根，余矜惜名节，常不能舍己救人，宜无子者三；多言耗气，宜无子者四；喜饮铄精③，宜无子者五；好彻夜长坐，而不知葆元毓神④，宜无子者六。其余过恶尚多，不能悉数。"

【注释】

①烦剧：繁杂琐事。

②生生：指事物的不断产生和变化。

③铄精：消损精神。

④葆元毓神：保养元气，养育心神。葆，通"保"，保持。毓，通"育"，养育。

【译文】

云谷禅师于是又问："孔老先生预测你是怎样的一生？"我如实相告。云谷禅师说："你自己觉得你应该得到科考功名吗？应该生育子嗣吗？"我反省了很久，说："不应该啊。得到科考功名的人，大多有福相，我福薄，又不能行善积德，来积淀深厚的福报；又受不了繁杂琐事，不能容忍他人；有时以才智压人，想到什么就做什么，轻易乱讲。这些都是福薄的表现，怎么应该得到科考功名呢？

"脏乱之地多生物，水清之处常无鱼，我喜欢干净，这是应当无子的第一个原因；和气能化育万物，我容易动怒，这是应当无子的第二个原因；仁爱是事物不断变化产生的根本，硬心肠是不能化育的根由，我爱惜自己的名节，常常不能舍己救人，这是应当无子的第三个原因；言多消耗元气，这是应当无子的第四个原因；喜欢饮酒，损伤精神，这是应当无子的第五个原因；喜欢彻夜长坐，却不知道保养元气和心神，这是应当无子的第六个原因。其他过失和恶行还有很多，无法一一举出。"

【点评】

援引一番儒学和佛家的经典名言后，云谷禅师开始剖析了凡自身的问题。了凡被问到自己如何看待被预测的结果，是否合理。这让他思索良久，或许他多年来从未想过，或者至少从未深思过这一问题。此时，他依然被巨大的宿命论所笼罩，认为一切都应该符合预测，理由看似合情合理，实则这些合情合理的缘由都是宿命论下潜意识的产物。我们毫无怀疑地接受一个理念，再为这个理念搜集种种解释，还自以为一切都是理所当然，很多人都掉进了这个逻辑陷阱。其实，人生并非一场论证，应当不设限地去体悟，才会发现不同的可能。像了凡这样反省自身的缺点是可取的，但他仅仅把缺点当作人生本该如此的借口，并没有想到可以完善自身来解除没有子嗣等的缺憾。

【原文】

云谷曰："岂惟科第哉。世间享千金之产者，定是千金人物；享百金之产者，定是百金人物；应饿死者，定是饿死人物。天不过因材而笃，几曾加纤毫意思。即如生子，有百世之德者，定有百世子孙保之；有十世之德者，定有十世子孙保之；有三世二世之德者，定有三世二世子孙保之；其斩焉无后者，德至薄也。汝今既知非，将向来不发科第，及不生子之相，尽情改刷；务要积德，务要包荒①，务要和爱，务要惜精神。从前种种，譬如昨日死；从后种种，譬如今日生。此义理再生之身也。

"夫血肉之身，尚然有数；义理之身，岂不能格天②。《太甲》③曰：'天作孽，犹可违；自作孽，不可活。'《诗》云：'永言配命，自求多福④。'

"孔先生算汝不登科第，不生子者，此天作之孽，犹可得而违；汝今扩充德性，力行善事，多积阴德⑤，此自己所作之福也，安得而不受享乎？

"《易》为君子谋，趋吉避凶；若言天命有常⑥，吉何可趋，凶何可避？开章第一义，便说：'积善之家，必有余庆。'汝信得及否？"余信其言，拜而受教。

【注释】

①包荒：涵容荒秽，指度量宏大，宽容一切。

②格天：感通上天。

③《太甲》：《尚书》中的一篇，记载商王太甲与伊尹的事迹。

④永言配命，自求多福：语出《诗经·大雅·文王》。意思是配合天命来行事，才能求得众多福禄。配命，配合天命行事。

⑤阴德：暗中为别人做好事而积累的德行。

⑥常：指万事万物运动变化中不变的规律。

【译文】

云谷禅师说："难道说的只是科考功名吗？世间享有千金财产的，一定是功德修到千金的人；享有百金财产的，一定是功德修到百金的人；应当饿死的，一定是罪孽深重、本该饿死的人。上天不过是按照每个人原本的福报来行事，哪里增加过一丝一毫的私念？就比如生育子嗣这件事，有百世之德的人，一定有百世子孙来保持；有十世之德的人，一定有十世子孙来保持；有三世二世之德的人，一定有三世二世的子孙来保持；那些断绝后代的人，是功德太薄啊。你如今既然知道了自己的错误，就应该把导致不能成就功名、不能生育子嗣的毛病改正洗刷掉。一定要积累善德，一定要包容一切，一定要和气仁爱，一定要爱惜心神。从前的一切，就当是昨天已经死了；此后的一切，就当是今天刚刚诞生的。这就是超越命数的重新再生的一个义理的生命了。

"血肉之躯尚有定数；义理之身难道不能感通上天吗？《尚书·太甲》中说：'上天作孽，还可以躲避；自己作孽，就不能够逃脱了。'《诗经》中说：'要配合天命来行事，才能求得众多的福禄。'

"孔先生卜算你不能考取功名、不能生育子嗣，这虽是上天的意愿，但还是可以规避的。你如今要完善自己的道德修养，竭力做好事，多积累阴德，这就是你自己所创造的福分，怎么能不得以享受呢？

"《易经》是为君子谋划的，使其趋吉避凶。如果说天命是恒常不变的，那又怎么趋近吉利，怎么避开凶险呢？《易经》开篇第一义就说：'积累善行的家族，一定会享有许多福报。'你能够相信吗？"我相信他说的话，拜谢受教。

【点评】

"从前种种，譬如昨日死；从后种种，譬如今日生"，敢于同过去断绝，开启新的人生，是极具自我挑战的事，但也只有迈出这一步，人才有可能更好地完善自我，而不致终日犹疑，毫无起色。云谷禅师为了凡拨开屏障，开启智慧，把古人思想的精髓与实际相联系，来说明"命由我作，福自己求"的道理，劝导他完善道德，积极行善，创造属于自己的福分。

不过，在传统的佛家理念中，人们修身行善是为了积累功德，谋取自己的福分，这种提倡会使社会更加仁爱和谐，却把行善当作谋福的手段。最高的善应源于人性本能的光辉而不求回报，用行善换取福分，无意中纵容了人的功利之心，未免矮化了善的本质。

【原文】

因将往日之罪，佛前尽情发露，为疏①一通，先求登科；誓行善事三千条，以报天地祖宗之德。

云谷出功过格②示余，令所行之事，逐日登记；善则记数，恶则退除，且教持《准提咒》③，以期必验。

【注释】

①疏：一种奏章，有使下情上达、上下疏通之意。这里指文章。

②功过格：修道者将自己所做的事区分善、恶，逐日登记在簿册上，以考察功过，此为功过格。这里指记录善恶功过的簿册。

③《准提咒》：称佛母准提神咒，咒文为："南无飒哆喃，三藐三菩陀，俱胝喃，怛侄他。唵，折戾主戾，准提娑婆诃。"

【译文】

于是我把以往的所有罪过，在佛前毫无保留地说了出来，写了一篇文章，先祈求登科及第；又发誓做三千件善事，以此回报天地和先祖的恩德。

云谷禅师拿出功过格给我看，让我把今后做的事每天记在上面；做好事就增加记数，做恶事就抵消前面的记数，并教我念诵《准提咒》，以期待它的应验。

【点评】

前文所讲的"从前种种，譬如昨日死"，并非忘却过去，而是要反省过去的种种过失，以此为洗心革面的当下与未来提供借鉴。了凡能在佛前尽情忏悔，深度剖析自己，不仅是难得的勇气，也是开悟的表现。

功过格不失为一种有效的自我约束方式。《抱朴子》记载了这种方法的最初由来："人欲地仙，当立三百善；欲天仙，当立千二百善。若有千一百九十九善，而忽复中行一恶，则尽失前善，乃当复更起善数耳。故善不在大，恶不在小也。"这里比云谷禅师的功过格更为严格，它杜绝任何过失，让人深刻理解作恶的代价，大概是认为只有这般洁净的灵魂才有升仙的资格吧。而对于凡人，记录功过格重在引导其向善，就不必如此苛求了。

【原文】

语余曰："符箓①家有云：'不会书符，被鬼神笑。'此有秘传，只是不动念也。执笔书符，先把万缘放下，一尘不起。从此念头不动处，下一点，谓之混沌开基②。由此而一笔挥成，更无思虑，此符便灵。

【注释】

①符箓（lù）：道教术语，指道教秘文。符是道士书写的一种笔画屈曲、似字非字的图形。箓是记天曹官属佐吏之名、又有诸符错杂其间的秘文，谓能治病、镇邪、驱鬼、召神。

②混沌开基：道教的一种修行状态。混沌，道教内丹术术语，指入静后，物我两忘的状态。开基，开始，开创。

【译文】

云谷禅师对我说："善于画符的专家中有句话说：'不会画符，会被鬼神笑话。'这里有个秘诀，就是不动心念。提笔写符时，先要放下所有杂念，一点儿尘心都没有。从这杂念不起之处，下笔点上一点，就叫作'混沌开基'。由此一挥而就，心中再无任何想法，这道符就会灵验。

【点评】

道家画符时要求不动心念，画出的符才灵验有效。在心无杂念这一点上，佛家与道家是十分契合的。沉静凝神的状态最利于专注地做事，妄动杂念，心思就会不纯，以致影响事情的结果。

【原文】

"凡祈天立命，都要从无思无虑处感格①。孟子论立命之学，而曰：'夭寿不贰。'夫夭寿，至贰者也。当其不动念时，孰为夭，孰为寿？细分之，丰歉不贰，然后可立贫富之命；穷通不贰，然后可立贵贱之命；夭寿不贰，然后可立生死之命。人生世间，惟死生为重，曰夭寿，则一切顺逆皆该②之矣。

【注释】

①感格：感应，感通。

②该：包括，具备。

【译文】

"凡是祈祷上天改变命数的，都要从无思无虑之处感通上天。孟子论及立命之学时说：'短命与长寿没有什么区别。'短命与长寿，是有很大区别的。但是当一个人不动杂念时，什么是短命，什么是长寿呢？细细分析，丰收和歉收没有区别，然后便可以立下贫富的天命；穷困和通达没有区别，然后就可以立下贵贱的天命，夭折和长寿没有区别，然后可以立下生死的天命。一个人生于世间，唯有死生最重要，论寿命之短长，则所有顺逆都包括其中了。

【点评】

在孟子看来，事物并非截然两分的，表面相互对立，实则没有分别，于是参透种种表象方能正确对待天命。这一观点与庄子《齐物论》中的辩证观不谋而合，万事万物没有绝对标准，"天下莫大于秋毫之末，而大山为小；莫寿于殇子，而彭祖为夭"。如果我们学会不加区别地对待截然相反的事物，就不会被它们所牵累，从而能够乐知天命。

云谷禅师不仅精通佛理，而且贯通儒、道，对了凡先生影响颇深，《了凡四训》也由此融合了儒释道三家的思想精要。

【原文】

　　"至'修身以俟①之'，乃积德祈天之事。曰'修'，则身有过恶，皆当治而去之；曰'俟'，则一毫觊觎②，一毫将迎③，皆当斩绝之矣。到此地位，直造先天之境，即此便是实学。汝未能无心，但能持《准提咒》，无记无数，不令间断，持得纯熟，于持中不持，于不持中持。到得念头不动，则灵验矣。"

　　余初号"学海"，是日改号"了凡"；盖悟立命之说，而不欲落凡夫窠臼也。

【注释】

　　①俟（sì）：等待。

　　②觊觎（jì yú）：非分的希望或企图。

　　③将迎：逢迎。

【译文】

　　"至于孟子说'通过修身以等待天命'，这是指通过积德祈求上天的事。说'修'，就是自身有过失，都应当改正去除；说'俟'，就是一丝非分之想，一毫迎合之心，都应当斩断隔绝。能到这个地步，就径直达到先天的境界，这样就是真实不虚的学问了。你还不能放弃心念，但只要能持诵《准提咒》，不要去记数次数，不要令它间断，持诵熟练时，则在持诵中如不持诵一样，在不持诵中又如持诵一样。到了妄念不动的境界，便灵验了。"

我最初号"学海"，这天便改号"了凡"；大概是了悟了立命之说，而不想落于凡夫俗子的老路中的缘故吧。

【点评】

云谷禅师最后终于说到立命的关键在于心态端正，不存功利之心，摒除一切杂念，自然会修得圆满。可见立命的动机必须纯净本真，而非为了功名利禄而急于求成。自始至终，云谷禅师都没有苛责了凡，而是极尽爱护之心引导他自省。了凡也没有辜负禅师的一番开示，终于反省过失，并迈入了新的人生道路。从"学海"到"了凡"，可见其心志的转移。

【原文】

从此而后，终日兢兢①，便觉与前不同。前日只是悠悠放任，到此自有战兢惕厉②景象。在暗室屋漏③中，常恐得罪天地鬼神；遇人憎我毁④我，自能恬然容受。

【注释】

①兢兢（jīng jīng）：谨慎小心的样子。

②惕（tì）厉：警惕谨慎。惕，戒惧，惊慌不宁。

③暗室屋漏：别人看不见的地方，指隐私之处。屋漏，古代室内摆放小帐，安藏神主的地方。

④毁：诽谤，诋毁。

【译文】

从此以后，我整日言行谨慎，就觉得与以往大不相同。从前只是放任自流，现在自然有谨慎小心、警惕戒惧的样子。在别人看不见的地方，我常常害怕得罪了天地鬼神；遇到憎恨我、诋毁我的人，我自然能够平静地宽容接受。

【点评】

省悟以后，了凡便有意识地用心修为，久而久之，对自己严格要求便成为习惯，与从前放任自流的差别自然就显现出来了。这里讲到独处与对待诋毁的态度，体现了古代传统中的两种重要的修养境界。一是"君子慎独"，《礼记·中庸》讲，道也者，不可须臾离；可离，非道也。是故君子戒慎乎其所不睹，恐惧乎其所不闻。莫见乎隐，莫显乎微，故君子慎其独也。可见，"道"是始终如一、片刻不离的，美好品质不是人前的表演，而真正在心中有所认同，即便独处时也不会做出不道义的事，这才称得上君子。

二是面对他人诋毁的态度，高僧拾得有与了凡相似而经典的回答。寒山曾问拾得：世人谤我、欺我、辱我、笑我、轻我、贱我、恶我、骗我，如何处治乎？拾得云：只是忍他、让他、由他、避他、耐他、敬他，再待几年你且看他。心量也与一个人的素质相关，能安然宽容他人是了凡谨慎修身的必然结果。

【原文】

到明年，礼部考科举，孔先生算该第三，忽考第一，其言不验，而秋闱①中式矣。然行义未纯，检身多误：或见善而行之不勇，或救人而心常自疑；或身勉为善，而口有过言；或醒时操持，而醉后放逸。以过折功，日常虚度。

【注释】

①秋闱（wéi）：指科举制度中的乡试，因时值秋季，故称秋试或秋闱。闱，考场。

【译文】

到了第二年，我参加了礼部举行的科举考试，孔老先生推算我应该考第三名，却忽然考了第一名，他说的话不灵验了，而在乡试中我又中举了。但是我修行并不纯粹，检点自身发现了很多过失：或是看到善事去做了但是不够勇猛，或是救济他人却常常心存疑虑；或是身体力行去做善事，但出言不当；或是清醒时能克制自己，但酒醉后就放纵起来。过失抵消了功劳，虚度了许多日子。

【点评】

了凡不因突破了命运的定数、考得优异的名次而沾沾自喜，反而自省了修身方面的不足。尽管如他所列，还存在诸多过失，但善于反省便是提升自我的首要一步。而行善不勇敢不果断、心存疑虑、出言不当、醉后放纵等缺点是一般人都难以避免的，修身也并非速成之事。如若严格按照功过格来计算，功过相抵，难以看到提升，很容易陷入懊悔的泥沼而消沉下去。

【原文】

自己巳岁发愿，直至己卯岁，历十余年，而三千善行始完。时方从李渐庵入关，未及回向①。庚辰南还，始请性空、慧空诸上人②，就东塔禅堂回向。遂起求子愿，亦许行三千善事。辛巳，生男天启。

余行一事，随以笔记；汝母不能书，每行一事，辄用鹅毛管，印一朱圈于历日之上。或施食贫人，或放生命，一日有多至十余者。至癸未八月，三千之数已满。复请性空辈，就家庭回向。

九月十三日，复起求中进士愿，许行善事一万条，丙戌登第，授宝坻知县。

余置空格一册，名曰《治心篇》。晨起坐堂，家人携付门役，置案上，所行善恶，纤悉必记。夜则设桌于庭，效赵阅道③焚香告帝。

【注释】

①回向：佛教用语，指将自己所修的功德等"回"转归"向"，与法界众生同享。

②上人：佛家称内有德智，外有胜行，在人之上的僧人为"上人"。

③赵阅道：名抃（biàn），字阅道，自号知非子，北宋官员。

赵阅道笃信佛教，善于内省，《宋史》记载他"日所为事，入夜必衣冠露香以告于天，不可告，则不敢为也"。

【译文】

从己巳年（1569）发起誓愿，一直到己卯年（1579），历时十多年，才做完三千件善事。当时，我正跟随李渐庵入关，没能及时做回向。庚辰年（1580）回到南方，才请了性空、慧空等上人，在东塔禅堂做回向。此时便产生求子的心愿，也许下再做三千善事的诺言。辛巳年（1581），便生了儿子天启。

我每做一件事，就随手用笔记下来；你的母亲不会写字，每做一件事就用鹅毛笔管在日历上印一个红圈。或是施舍食物给穷人，或是放生，有时一天会多达十几件。到了癸未年（1583）八月，三千善事就已经满了。又请来性空等上人，到家中做回向。

九月十三日，又产生求取考中进士的心愿，许诺做善事一万件，到了丙戌年（1586）果然登第，当了宝坻知县。

我准备了一本空册子，起名叫作《治心篇》。早晨起来到大堂处理公务时，家里的仆人把它带来交给衙役，放在我的桌子上，所有做过的善事恶事，即便很小也要记录在案。夜里便在庭院中摆设桌案，效仿北宋的赵阅道，焚香向上天禀告。

【点评】

按照孔老先生的推算，了凡命中没有子嗣，也不会考中进士，但是如今，在自我修持和不断努力中，他一次次打破了预言，真正主宰了自己的人生。虽然佛家所讲的行善积德与福报没有必然联系，但行善者却以此怀有乐观坚定的信念，更真诚地对待生活，把握人生。行善的数量只是一个参照，但了凡夫妇把行善化为日常的一部分，却着实让人感动，并且这种修为习惯并不因当了官而消减，只有更加谨慎，更加严格。

【原文】

汝母见所行不多，辄颦蹙①曰："我前在家，相助为善，故三千之数得完；今许一万，衙中无事可行，何时得圆满乎？"夜间偶梦见一神人，余言善事难完之故。神曰："只减粮一节，万行俱完矣。"

盖宝坻之田，每亩二分三厘七毫。余为区处②，减至一分四厘六毫，委有此事，心颇惊疑。适幻余禅师自五台来，余以梦告之，且问此事宜信否？师曰："善心真切，即一行可当万善，况合县减粮，万民受福乎！"吾即捐俸银，请其就五台山斋僧一万而回向之。

【注释】

①颦蹙：皱眉皱额，形容忧愁不乐。

②区处：处理，筹划安排。

【译文】

你的母亲见我行善不够多，就皱眉蹙额说："我以前在家，能帮你做善事，所以三千件很快就做完了；现在你许诺做一万件，衙门里无事可做，什么时候能够做完呢？"夜里，我偶然梦到一位神人，我说了善事难以完成的原因。神人说："仅是减免钱粮这一件事，一万件就可以完满了。"

因为宝坻的田地，每亩二分三厘七毫。我来做筹划安排，减少到一分四厘六毫，委实有这么一件事，心里颇为惊叹而怀疑。正好幻余禅师从五台山而来，我把这个梦告诉了他，又问这件事可信吗？禅师说："行善之心真诚热切，那么一件善事就可以当作一万件，何况全县减免钱粮，数万百姓都受惠了啊！"我立即捐出俸禄，请幻余禅师在五台山把斋食布施给一万名僧人来回向。

【点评】

减免钱粮这件事，正说明了行善不在数量，而在"善心真切"。在佛前许诺做几千几万件善事，而去四处寻找善事来做，显然过于功利，把行善当成了机械的量化的任务。虽很可能也造福世间，但还不是为善的最佳境界。随缘应化才是真切行善，刻意寻找就是攀缘了。了凡立志修身，但未免被功过格和许诺的数量固化了思维，一心想着如何做到一万件。而一件善事能抵一万件善事，实乃了凡的无意之举，却让他离善的本质更近了一步。

【原文】

孔公算予五十三岁有厄，余未尝祈寿，是岁竟无恙，今六十九矣。《书》曰："天难谌①，命靡常。"又云："惟命不于常。"皆非诳语。吾于是而知，凡称祸福自己求之者，乃圣贤之言；若谓祸福惟天所命，则世俗之论矣。

【注释】

①谌：相信。

【译文】

孔老先生推算我五十三岁有灾祸，我并没有祈祷长寿，这一年竟然安然无恙，如今已经六十九岁了。《尚书》说："上天难以相信，命运没有恒常。"又说："只有命运没有定数。"都不是骗人的话。我由此知道，凡是说祸福应该自己去求的，就是圣人的话；如果说祸福只有听天由命，便是世俗之见了。

【点评】

从被算定一生，到被云谷禅师点悟，再到了凡亲自证实了我命由我不由天，用了几乎一辈子的时间。到了晚年，他才终于笃定地相信命运并无定数。他自己也收获了孔老先生没有预料到的道德、功名、子嗣和长寿，与此前坐待命数的书生判若两人。于是这才提起笔，给儿子写下了《了凡四训》，这是第一篇，从切身经历讲起，从把握人生的基本要义讲起，恳切而真实。

【原文】

汝之命，未知若何。即命当荣显，常作落寞想；即时当顺利，当作拂逆想；即眼前足食，常作贫窭①想；即人相爱敬，常作恐惧想；即家世望重，常作卑下想；即学问颇优，常作浅陋想。

远思扬祖宗之德，近思盖父母之愆②；上思报国之恩，下思造家之福；外思济人之急，内思闲③己之邪。

务要日日知非，日日改过；一日不知非，即一日安于自是；一日无过可改，即一日无步可进。天下聪明俊秀不少，所以德不加修、业不加广者，只为因循二字，耽阁一生。云谷禅师所授立命之说，乃至精至邃、至真至正之理，其熟玩④而勉行之，毋自旷也。

【注释】

①贫窭（jù）：贫乏，贫穷。

②愆（qiān）：罪过，过失。

③闲：限制，防止。

④熟玩：认真钻研。

【译文】

你的命运不知道会怎样。即便是命中注定荣华显贵，也要常常做好落寞的准备；即便时运顺利，也应当做好迎接逆境的准备；即便眼下丰衣足食，也要时常做好贫困的准备；即便受到他人的爱戴尊敬，也要时常存有谨慎戒惧之心；即便家世显赫，也要时常存有谦虚卑微之心；即便学识优越，也要时常把自己当作浅薄鄙陋之人。

远当思发扬祖宗的德行，近当思掩盖父母的过失；向上要报效国家的恩德，向下要谋求家庭的福报；对外要救助他人的急难，对内要克制自己的不正之心。

一定要日日反省，日日纠正错误；一天不反省，便一天都安于现状；一天没有错误可纠正，就一天都没有进步。天下聪明俊秀的人很多，之所以品德修行没有增加、功业不扩展，只是因为因循二字，这耽误了他们的一生。云谷禅师传授于我的立命之说，实在是最精微最深邃、最真实最正确的道理，你要仔细钻研并努力实践它，不要自己放纵自己。

【点评】

身为父亲，了凡不能预知儿子会有怎样的一生，但把自己一生的经验传授于他，希望能够以此践行并把握自己的人生。身处顺境，却备逆境之心，这不仅是为了应对命运的无常，更是教人用一颗平常心，无分别地对待顺逆与荣辱。

最后，了凡还特地强调了日日知非改过的重要性。曾子曾有"吾日三省吾身"的名言，可见这是千百年来圣贤的必修课，一点一滴连续不断地积累，才能成就一生的境界。而往往是那些具有天赋的人，因有所倚仗而不知进取，渐渐也就泯然众人了。

第二篇　改过之法

【原文】

　　春秋诸大夫^①，见人言动，亿^②而谈其祸福，靡不验者，《左》《国》诸记可观也。大都吉凶之兆，萌乎心而动乎四体，其过于厚者常获福，过于薄者常近祸，俗眼多翳^③，谓有未定而不可测者。至诚合天，福之将至，观其善而必先知之矣；祸之将至，观其不善而必先知之矣。今欲获福而远祸，未论行善，先须改过。

【注释】

　　①大夫：官爵名。西周以后先秦诸侯国中，在国君之下有卿、大夫、士三级。其封地世袭，封地内的行政由其掌管。

　　②亿：通"臆"，推测，揣度。

　　③翳（yì）：病症名。指引起黑睛（角膜）混浊或溃陷的外障眼病以及病变愈后遗留于黑睛的瘢痕。

【译文】

　　春秋时期的诸位大夫，看人们的言行举止，进行臆测就能谈论他们的祸福，没有不灵验的，《左传》《国语》等记载中都能看到。大多吉凶祸福的预兆，先从内心发起，然后通过举止表现出来，那些仁厚之人常常获得福报，过于刻薄的人便常常招致灾祸，世俗之人的眼睛被蒙蔽了，就认为吉凶祸福是没有定数而不可预测的。一个人的诚心与天道相合，福报即将来临时，观察他的善行必能预先知道；灾祸即将来临时，观察他的恶行也必能预先知道。现在如果想要获得福报而远离灾祸，还没有讲到行善之前，首先必须改正过错。

【点评】

古代的士大夫之所以能预测别人的祸福，并非有什么玄妙法术，而是依靠自己丰富的学问和阅历，这让他们深谙人性的规律。而这在世俗之人眼中是不可理解的。在传统文化中，福祸与善恶始终息息相关，一般认为，行善就会有福报，作恶便招致祸患。但了凡提出了一个容易被忽视的问题：行善之前，必须改过。如果一个人带着满身错误去行善，可能好事也做成了坏事，所以"改过在先"显得尤为必要。这是将"改过之法"置于"积善之方"之前的意义。

【原文】

但改过者，第一，要发耻心。思古之圣贤，与我同为丈夫①，彼何以百世可师？我何以一身瓦裂？耽②染尘情，私行不义，谓人不知，傲然无愧，将日沦于禽兽而不自知矣；世之可羞可耻者，莫大乎此。孟子曰："耻之于人大矣。"以其得之则圣贤，失之则禽兽耳。此改过之要机也。

【注释】

①丈夫：成年男子的通称。

②耽：沉溺，过度喜好。

【译文】

但凡要改正过错的人，第一，要有羞耻之心。想想古代的圣人贤者，和我一样同为七尺丈夫，为什么他们能成为千秋万代的榜样？为什么我却如瓦裂般一无是处呢？沉溺于世俗之情，私下做出不义之事，以为别人不知道，还一脸傲慢，毫不愧怍，就这样日渐沦为禽兽，自己却不能觉察；世间最让人感到羞耻的事，没有比这更大的了。孟子说："羞耻之心是十分重要的。"有羞耻之心便成为圣贤，没有羞耻之心便成了禽兽。这是改正过失的关键。

【点评】

说到底，能否反省与改过都要看有没有羞耻之心。如果沦落到不知廉耻，人就难以分清善恶贵贱。正是羞耻之心阻止了人道德的堕落，即便做了错事，也会让其产生愧疚羞赧而及时悔悟，进而不断完善自己的修为，否则便会朝着沦落的方向越陷越深，于是出现圣贤和禽兽两个极端。可见，羞耻心是人实践道德观念的情感基础。

【原文】

第二，要发畏心。天地在上，鬼神难欺，吾虽过在隐微，而天地鬼神，实鉴临①之。重则降之百殃，轻则损其现福，吾何可以不惧？

不惟是也。闲居之地②，指视昭然；吾虽掩之甚密，文③之甚巧，而肺肝早露，终难自欺；被人觑破，不值一文矣，乌得不懔懔④？

不惟是也。一息尚存，弥天之恶，犹可悔改；古人有一生作恶，临死悔悟，发一善念，遂得善终者。谓一念猛厉⑤，足以涤百年之恶也。譬如千年幽谷，一灯才照，则千年之暗俱除；故过不论久近，惟以改为贵。但尘世无常，肉身易殒，一息不属，欲改无由矣。明则千百年担负恶名，虽孝子慈孙，不能洗涤；幽则千百劫沉沦狱报，虽圣贤佛菩萨，不能援引。乌得不畏？

【注释】

①鉴临：如明镜照临，明察，监视。

②闲居之地：此处指自己私人的房间。闲居，避人独居。

③文：修饰，掩饰。

④懔懔（lǐn lǐn）：危惧，谨慎不安的样子。

⑤猛厉：猛烈。

【译文】

第二，要有畏惧之心。天地在上，鬼神难以欺骗，我即使错在微小隐蔽之处，天地鬼神也能监视得到。过错严重就会降下多种灾祸，过错轻微就会折损我现在的福分，我怎么能不畏惧呢？

不止如此。就算在独处的空间里，神明也会用手指点，把人的作为看得清清楚楚；我即便遮蔽得再隐秘，掩饰得再巧妙，心思也早已泄露出去了，最终难以欺骗自己；被人看穿的时候，就一文不值了，怎么能不谨慎危惧呢？

不止如此。只要人还有一口气在，天大的罪恶也可以悔改；古时有的人一辈子作恶，临死前幡然悔悟，生出善心，于是得以善终。这就是说，强烈的善念足以洗涤百年的罪恶。就像千年的幽深山谷，只要在其中点亮一盏灯，那么千年来的黑暗就都消除了；所以过错不论久远或新近，只以悔改为贵。但是世事无常，生命易逝，等到一口气上不来时，想改也没有机会了。在世上则千百年背负罪名，即便是孝子贤孙也不能洗除；在冥府，则遭受千百次受苦受难的恶报，即便是圣贤、神佛、菩萨也不能帮助。怎么能不畏惧呢？

【点评】

改过虽然不论过错大小，不论过错何时发生，只贵在悔悟之时的善念，但因为人生苦短，也要及时悔悟，否则当生命消逝时便会遗恨终生。不仅失去了改过的机会，还要永世背负罪名。生命是不可逆转的过程，及时改过与及时行乐的道理相通，不能存有侥幸和拖延的心理。无论何种过错，最后都会转化为痛苦降临到自己头上，恶有恶报的观念让人对命数产生敬畏并自我约束。

【原文】

第三，须发勇心。人不改过，多是因循退缩；吾须奋然振作，不用迟疑，不烦等待。小者如芒刺在肉，速与抉剔①；大者如毒蛇啮指，速与斩除，无丝毫凝滞。此风雷之所以为益也②。

【注释】

①抉剔：挑取，搜求。

②此风雷之所以为益也：《易经·益卦》：风雷，益；君子以见善则迁，有过则改。

【译文】

第三，必须有勇敢之心。人不改正过错，大多是因为拖沓和退缩；我们必须要发奋振作，不能迟疑，不要等待。小的过失就像刺在肉里的芒，要迅速拔掉；大的过错像毒蛇咬住手指，要迅速斩断手指，不可有丝毫迟疑。这就是《易经》中所说的"像风雷一样快就会有益"。

【点评】

关于改过的要义，最后一点便是勇敢。过错往往形成于人不正确的思维方式和行为习惯，有时即便明白言行的不当，也难以立即纠正，这是缘于人对习惯的依赖，不愿意踏出旧有的思想。勇敢之心就体现在敢于突破因循的过错，无论大小过失，如果诚心悔悟，就要如壮士断腕般当机立断。如此，才能改过自新，不断获得提升。

【原文】

具是三心，则有过斯改，如春冰遇日，何患不消乎？然人之过，有从事上改者，有从理上改者，有从心上改者；工夫不同，效验亦异。如前日杀生，今戒不杀；前日怒詈^①，今戒不怒：此就其事而改之者也。强制于外，其难百倍，且病根终在，东灭西生，非究竟廓然之道也。

【注释】

①詈（lì）：骂。

【译文】

具备了这三心，那么有过错就能悔改，就如同春天的冰遇到了暖阳，还担心不能消融吗？然而人的过错，有的是从事情上改，有的是从道理上改，有的是从内心上改；改正的方式不同，效果也不相同。比如前天杀害生灵，今天不再杀生；前日暴怒谩骂，今日就戒怒了：这是就事情而改正过错。从外部勉强克制，这比从内心纠正要难上百倍，而且错误的根源始终都在，这里消失了，那里又产生了，并不是彻底根除过错的方式。

【点评】

在列举了改过的"三心"之后，这里又提出改过的三个方面：从事上改、从理上改、从心上改。单纯改正一件错事是从最外部改过，而导致事情做错的是错误的理念，甚至不够完美的心灵。所以真正改正一种行为看似简单，实则比心灵反思和理念修正更不易，言行毕竟是受理念指导的惯性表现，如果不从理念和内心方面来纠正错误，结果便是治标不治本了。

【原文】

善改过者，未禁其事，先明其理。如过在杀生，即思曰：上帝好生，物皆恋命，杀彼养己，岂能自安？且彼之杀也，既受屠割，复入鼎镬①，种种痛苦，彻入骨髓；己之养也，珍膏罗列，食过即空，疏食菜羹，尽可充腹，何必戕彼之生，损己之福哉？又思血气之属，皆含灵知，既有灵知，皆我一体；纵不能躬修至德，使之尊我亲我，岂可日戕物命，使之仇我憾我于无穷也？一思及此，将有对食痛心，不能下咽者矣。

如前日好怒，必思曰：人有不及，情所宜矜②；悖理相干，于我何与？本无可怒者。又思天下无自是之豪杰，亦无尤③人之学问；行有不得，皆己之德未修，感未至也。吾悉以自反，则谤毁之来，皆磨炼玉成④之地；我将欢然受赐，何怒之有？

又闻谤而不怒，虽谗焰熏天，如举火焚空，终将自息；闻谤而怒，虽巧心力辩，如春蚕作茧，自取缠绵。怒不惟无益，且有害也。其余种种过恶，皆当据理思之。此理既明，过将自止。

【注释】

①鼎镬（huò）：鼎和镬，古代两种烹饪器具。

②矜：怜悯，同情。

③尤：抱怨，指责。

④玉成：成全，帮助使成功。

【译文】

善于改正错误的人，在还没有改正之前，会先明了其中的道理。比如犯了杀生之过，就想到：上天有好生之德，万物都眷恋生命，杀掉别的生命来养活自己，自己怎么能安心呢？况且别的生命被杀，既要遭受屠宰刀割，又要被放进锅中，种种痛苦，深入骨髓；要养活自己，即便是山珍海味，吃下去也就消化没了，粗茶淡饭，都可以果腹，为何一定要杀掉其他生命，折损自己的福分呢？又想到那些有血有肉的动物都有灵性与知觉，都是和我一体的；纵使不能自己修养品德，使别人尊敬我、亲近我，又怎么可以每天戕害生命，让它们永远仇视我、憎恨我呢？一想到这里，就会对这样的食物感到难过，不能吃下去了。

比如前些日子好怒，一定会想到：人们总有不足之处，从情理上说也应当同情；如果违背情理而互相争执，对我又有什么益处呢？本来就没有什么可生气的。再想想，天下没有自己称赞自己的英雄豪杰，也没有故意指责别人的学问；行事不顺，都是自己品德修为不够，不能感化别人的原因。我应该彻底自我反省，那么别人诽谤诋毁我的时刻，都成了磨炼自己的好机会；我将会欣然接受，怎么会生气呢？

再者，假如听到诽谤而不生气，即便谗言像冲天的火焰，也不过像举着火把去烧天空一样，最终会自己熄灭；听到诽谤就生气，即便心思敏捷地竭力争辩，也像春蚕作茧，自寻烦乱。生气不只是没有益处，而且有害。其他种种过错，都应当按照道理来思考。道理明了了，过错就会自动停止。

【点评】

杀生无益，好怒无用，为了说明从道理上改过的必要性，这里列举了两种生活中最为常见的情况，杀生和易怒。在佛家看来，不杀生是重要的戒律，虽然不是对所有人的要求，但也可以从情理上明白不杀生的道理。被杀的生命会遭受痛楚，产生怨恨；易怒是缘于自身修为不够，自找麻烦。这看似简单易懂的道理，对改正过错其实未必奏效。人的行为惯性真的足够坚固，若要改，也需要一定的时间来调整，而且对道理的理解必须透彻而坚定。

【原文】

何谓从心而改？过有千端，惟心所造；吾心不动，过安从生？学者于好色、好名、好货、好怒，种种诸过，不必逐类寻求，但当一心为善，正念现前，邪念自然污染不上。如太阳当空，魍魉①潜消，此精一②之真传也。过由心造，亦由心改，如斩毒树，直断其根，奚必枝枝而伐，叶叶而摘哉？

【注释】

①魍魉（wǎng liǎng）：中国古代神话传说中的山川中的鬼怪。

②精一：精粹纯一。

【译文】

什么叫从内心改过呢？过错有千万种，但都是由心所造；我的心念不动，过错怎么会产生呢？求学的人对于好色、求名、逐利、易怒，种种过错，不必逐一寻找改正方法，只需要一心做善事，让心中充满正念，邪念自然不会污染内心。就像朗日当空，鬼魅暗中消散，这是最精粹纯一的真传方法。过错是从内心产生的，也要从内心改正，就像斩断毒树，要直接砍断树根，何必一枝一枝地砍伐，一叶一叶地摘除呢？

【点评】

古人说：相由心生，相随心改。《华严经》又说：一切唯心所造。可见一个人的心灵其实主导了他的所有言行，甚至是外表特征。言行举止皆是其内心的外化表现。所以，前文中，了凡说"强制于外，其难百倍，且病根终在，东灭西生，非究竟廓然之道也"，只有从内心上改正才是最彻底的方法。一心修正，则百过消弭。

【原文】

大抵最上治心，当下清净，才动即觉，觉之即无。苟未能然，须明理以遣之；又未能然，须随事以禁之。以上事而兼行下功，未为失策；执下而昧上，则拙矣。

【译文】

大体说来，最好的改过之法是修心，让内心在当下清静纯一，心念一动就能立即察觉，一旦察觉到，心念就消失了。如果不能做到这样，就需要明白其中的道理来改正；如果这样也做不到，就需要针对具体事情来规范自己。用上乘的方法来兼顾下等的行动，未为不可；只用下等的方法，而不知道上乘的方法，就是愚笨了。

【点评】

圣贤之人，并非完全没有不义之心，只是他们能及时省察并克制而已。对于内心清静的人来说，心念一动就会察觉，一旦察觉其心念便会自然消失，将错误消除在萌芽之中。尽管只是一瞬间的事情，但能做到如此却需要精神纯一的境界。

智慧的人，用深层方法解决表面的问题，事半功倍；而愚笨的人，用表面的方法遮蔽了深层的问题，事倍功半。

【原文】

顾发愿改过，明须良朋提醒，幽须鬼神证明。一心忏悔，昼夜不懈，经一七、二七，以至一月、二月、三月，必有效验。或觉心神恬旷；或觉智慧顿开；或处冗沓而触念皆通；或遇怨仇而回嗔作喜；或梦吐黑物；或梦往圣先贤，提携接引[1]；或梦飞步太虚[2]；或梦幢幡宝盖[3]：种种胜事，皆过消灭之象也。然不得执此自高，画[4]而不进。

【注释】

①接引：佛教用语，指引导众生进入极乐世界。

②太虚：太空。

③幢幡宝盖：佛教中指旌旗和饰以宝物的天盖。

④画：停止。

【译文】

所以要发愿改正过错，在明处需要好友来提醒，在暗处需要鬼神来监督。一心一意忏悔，昼夜不懈怠，经过七日、十四日，再到一个月、两个月、三个月，一定会有效果。或者感到心旷神怡；或者感到茅塞顿开；或者身处冗杂却能触类旁通；或者遇到冤家仇人而能转怒为喜；或者梦见吐出黑色的秽物；或者梦见从前的圣者贤人，被提携引导；或者梦见凌步太空；或者梦见经幡宝盖：种种征兆，都是过错消除的象征。但是不能因此自满，停滞不前。

【点评】

与人相处时，有良师益友帮助纠正我们的过错；独处时，就需要敬畏天地鬼神，以免自己犯下过错。这是来自外界的监督。同时自己要持之以恒，从数日逐渐持续到数月，甚至几年，并且即便成效显著时，也不能骄傲自满，修行是终生之事，一旦懈怠便会停滞甚至倒退。

【原文】

昔蘧伯玉①当二十岁时，已觉前日之非而尽改之矣。至二十一岁，乃知前之所改，未尽也；及二十二岁，回视二十一岁，犹在梦中。岁复一岁，递递改之。行年五十，而犹知四十九年之非。古人改过之学如此。

【注释】

①蘧（qú）伯玉：春秋时卫国大夫，名瑗，字伯玉，谥成子。贤者，为孔子所敬慕。

【译文】

当年蘧伯玉年方二十岁，认为自己从前的过错已经都改正了。到了二十一岁，才知道以前的改正并不彻底；到了二十二岁，回望二十一岁，就像在梦里。年复一年，循序渐进地改正。到五十岁时，还知道四十九岁的过错。古人改过的学问就是这样。

【点评】

相传蘧伯玉品行高尚，光明磊落。孔子与他颇有交情，到卫国时曾几次住在蘧伯玉家中，二人无事不谈。一次，蘧伯玉派人看望孔子，孔子问起蘧伯玉近况如何，来人说："他正设法减少自己的过错，可是苦于做不到。"来人走后，孔子感叹："这是真正了解蘧伯玉的人啊。"蘧伯玉的修为和思想对儒家有重要影响，《论语》中，子贡曰："君子之过也，如日月之食焉。过也，人皆见之；更也，人皆仰之。"这说的便是蘧伯玉这类把改过当作日行之事而持之以恒的人。

【原文】

吾辈身为凡流，过恶猬集①，而回思往事，常若不见其有过者，心粗而眼翳也。然人之过恶深重者，亦有效验：或心神昏塞，转头即忘；或无事而常烦恼；或见君子而赧然②消沮③；或闻正论而不乐；或施惠而人反怨；或夜梦颠倒，甚则妄言失志：皆作孽之相也。苟一类此，即须奋发，舍旧图新，幸勿自误。

【注释】

①猬集：比喻事情繁多错杂，像刺猬的刺那样聚在一起。

②赧（nǎn）然：惭愧脸红的样子。

③消沮：消沉沮丧。

【译文】

我们都是平凡的人，过错就像刺猬的刺一样繁多，而回想往事，常常好像看不到自己犯过什么错一样，粗心大意，双眼蒙蔽。但是，过错罪恶深重的人们，也是能表现出来的：或者神志昏昏，转头就忘；或者无缘无故就常常感到烦恼；或者看到君子就羞愧沮丧；或者听闻正道就闷闷不乐；或者施惠于人反而怨恨别人；或者夜梦颠倒，甚至乱说胡话，神志不清：这些都是作孽的表现。一旦出现这种情况，就必须奋发改正，舍弃旧病，树立新思想，万万不要自己误了自己。

【点评】

　　了凡先生列举的不改过之人的种种恶相，大概很多人都能从中看到自己的影子。我们似乎每天都在经历这些不快，这好像是犯错带来的责罚，错误越多，责罚越重。的确，这也说明了"我们都是平凡的人"。但平凡不是平庸的借口，只要在察觉到自己的过失时，及时摒弃错误的观念和行为，改过自新，烦恼就会减少，生活自然更加如意愉悦。

第三篇　积善之方

【原文】

《易》曰："积善之家，必有余庆。"昔颜氏^①将以女妻叔梁纥^②，而历叙其祖宗积德之长，逆知^③其子孙必有兴者。孔子称舜之大孝，曰："宗庙飨^④之，子孙保之。"皆至论也。试以往事征之。

【注释】

①颜氏：孔子母亲颜徵所在的家族。

②叔梁纥（hé）：春秋时鲁国大夫，名纥，字叔梁。孔子之父。

③逆知：预先知道。

④飨（xiǎng）：用酒食款待。

【译文】

《易经》说："积累善行的家族，必然有足够多的吉庆福报。"从前，颜氏家族要把女儿嫁给叔梁纥，先历数叔梁纥家族祖祖辈辈积累下来的功德，预先知道了他们家的子孙中必定有能光宗耀祖的人。孔子称赞舜帝的孝行，说："宗庙将会祭祀他，子孙也会保住他的福德。"这些都是最正确的道理。我们可以试着用以前的事例来验证。

【点评】

"善有善报，恶有恶报"的说法流传至今。古代人相信福祸不会无缘无故地降临，都是人自身行善或作恶的结果，甚至这结果还会间接作用到子孙后代身上。或许这并非冥冥之中的天意，而是源于家族品德风气的代代传承，家风优良的，子孙也品行高尚；家风败坏的，子孙也必然得不到良好教育。而古人将这些归结于祖辈积德的福报，或许是借助其注重血脉传承的特点，而教导世人积极行善。

【原文】

杨少师^①荣，建宁人，世以济渡^②为生。久雨溪涨，横流冲毁民居，溺死者顺流而下，他舟皆捞取货物，独少师曾祖及祖，惟救人，而货物一无所取，乡人嗤其愚。逮^③少师父生，家渐裕。有神人化为道者，语之曰："汝祖父有阴功，子孙当贵显，宜葬某地。"遂依其所指而窆^④之，即今白兔坟也。后生少师，弱冠^⑤登第，位至三公^⑥，加曾祖、祖、父，如其官。子孙贵盛，至今尚多贤者。

【注释】

①少师：官名。周朝置少师、少傅、少保以辅天子，称"三孤"，又称"三少"。明清时期为荣衔，列为从一品，无职事。

②济渡：渡过水面，此处指从事摆渡。

③逮：及，到。

④窆（biǎn）：安葬。

⑤弱冠：古时男子二十岁称为弱冠。

⑥三公：官名，即太尉、司徒、司空的合称。始建于西周。另说西周的三公，指太师、太傅、太保。

【译文】

少师杨荣，是福建建宁人，祖上世世代代以摆渡为生。某次连日大雨，河溪涨水，洪水冲毁了很多民居，被淹死的人顺流漂下，别的船都去捞取漂下来的货物，只有少师的曾祖父和祖父只救人，一点儿都没有拿货物，乡里人都嘲笑他们愚笨。等到少师的父亲出生时，家里渐渐宽裕。有一位装扮成道人的神仙对少师的父亲说："你的祖父积累了阴功，子孙必当享受荣华富贵，应当把祖先安葬在某地。"于是杨家按照他所指的地方安葬了祖先，就是现在的白兔坟。后来少师出生，二十岁时登科及第，官至三公，他的曾祖父、祖父和父亲也都被追封了官爵。并且他的子孙后代也显贵兴盛，直到今天仍有很多贤能的人才。

【点评】

在洪水冲毁家园时，有人借灾发财，争抢被冲散的货物，也有人像杨家父子这样一心救人，不去碰不属于自己的财物。可叹世人多数还是被物欲遮蔽了心灵，杨家父子高尚的善举，不但没有令人们羞愧，反而遭到嘲笑。这便是了凡在第二章提到的改过必须具备的羞耻之心。而没有羞耻之心的人，不会觉察到自身的过失，甚至分不清什么是善什么是恶。

鄞^①人杨自惩，初为县吏，存心仁厚，守法公平。时县宰严肃，偶挞一囚，血流满前，而怒犹未息，杨跪而宽解之。宰曰："怎奈此人越法悖理，不由人不怒。"自惩叩首曰："上失其道，民散^②久矣。如得其情，哀矜^③勿喜。喜且不可，而况怒乎？"宰为之霁颜。

家甚贫，馈遗^④一无所取。遇囚人乏粮，常多方以济之。一日，有新囚数人待哺，家又缺米，给囚则家人无食，自顾则囚人堪悯。与其妇商之。

妇曰："囚从何来？"

曰："自杭而来。沿路忍饥，菜色可掬。"

因撤己之米，煮粥以食^⑤囚。后生二子，长曰守陈，次曰守址，为南北吏部侍郎^⑥。长孙为刑部侍郎，次孙为四川廉宪^⑦，又俱为名臣。今楚亭、德政，亦其裔也。

【注释】

①鄞（yín）：古地名，今浙江省宁波市。

②散：涣散，无所依靠。

③哀矜：哀怜，怜悯。

④馈遗：馈赠，赠予。

⑤食（sì）：给人东西吃。

⑥侍郎：官名，始于秦汉，原为宫廷近侍。明清两代是中央政府各部的副长官，地位次于尚书。

⑦廉宪：廉访使的俗称，宋代设此官职。廉访使每年八月至

次年四月出巡，掌考校官吏政绩，断决六品以下官吏轻罪，复审地方冤案，有时亦负责劝农之事。

【译文】

鄞县人杨自惩，最初是一位县吏，心怀仁厚，执法公正。当时的县令非常严厉，有一次鞭打一名囚犯，囚犯浑身是血，但县令的怒气还没有消，杨自惩便跪下请县令宽恕囚犯。县令说："怎奈这个人违背法律，悖于情理，不由得人不生气。"杨自惩叩拜说："在上位的人偏离正道，百姓已经涣散很久了。如果能查清他们犯罪的实情，就会怜悯他们，而不会因为审出了案子而高兴。高兴尚且不可，何况是生气呢？"县令听了，脸色缓和许多。

杨自惩家里很清贫，但一概不收取别人的馈赠，遇到囚犯缺少粮食，经常想方设法去救济他们。一天，有几个新来的囚犯没有东西吃，可是杨家缺米，如果给了囚犯，那么家人就没有吃的了，而留给自家人，又觉得囚犯很可怜。杨自惩便和妻子商量这件事。

妻子问："这些囚犯是从哪里来的？"

杨自惩回答说："从杭州来。一路上忍饥挨饿，面露菜色。"

于是妻子撤下本该自家吃的米，煮粥给囚犯吃。后来杨家有两个儿子，长子叫守陈，次子叫守址，分别是南、北吏部侍郎。长孙为刑部侍郎，次孙做了四川廉宪，都是名臣。如今的楚亭和德政，也是他们的后人。

【点评】

体恤百姓是一般官吏应该具有的品行，而像杨自惩这样不分高低贵贱，即使是囚犯，也竭力维护其尊严和生存的官员来说，就难能可贵了。能说出"上失其道，民散久矣"更是洞见，如果百姓越法悖理，为政者应该思考自己治理失当的问题，而不是一味惩罚犯罪者，不思考深层的社会问题。

同时，杨自惩也并非传统文化中渲染的大公无私的绝对形象。在考虑把有限的米分给谁吃的时候，他产生了犹疑，因为除了囚犯，他心中更有家人。而在当今的教育中，常常过度渲染大义灭亲、大公无私的行为，以为这才是真正的高尚。杨自惩的犹豫很可能就被当作贬义的自私。但试想，如果一个人连最亲近的家人的温饱安危都不顾及，丧失了最基本的感情，又如何能对他人、对天下有所奉献？杨自惩没有擅作主张，而是征求了妻子的意见；当妻子听说囚犯的情况后，果断地将粮食拿给囚犯。可见杨自惩为官行善的背后，必定少不了妻子的支持。正是这对有着菩萨心肠的夫妻，为后代树立了道德榜样。

【原文】

昔正统①间，邓茂七②倡乱于福建，士民从贼者甚众。朝廷起鄞县张都宪③楷南征，以计擒贼。后委布政司④谢都事搜杀东路贼党。谢求贼中党附册籍，凡不附贼者，密授以白布小旗，约兵至日插旗门首，戒军兵无妄杀，全活万人。后谢之子迁，中状元，为宰辅⑤；孙丕，复中探花。

【注释】

①正统：明英宗朱祁镇的年号，从1436年至1449年。

②邓茂七：原名邓云，江西建昌（今属江西永修）人，明代农民起义首领。正统十三年（1448）二月聚众起义，在沙县陈山寨宣布建立政权，自称铲平王。正统十四年（1449），明军重兵围攻其于延平（今属福建南平），因内部叛变中箭身亡。

③都宪：明代都察院、都御史的别称。

④布政司：承宣布政使司的简称，管理全省财政、民政等。

⑤宰辅：辅正的大臣，一般指宰相。

【译文】

从前在正统年间，邓茂七在福建起义，跟随他的有很多民众。朝廷起用鄞县的都宪张楷南下征讨，用计谋来擒贼。后来又委任布政司的谢都事去搜捕斩杀东路贼人。谢都事要来贼人结党的名册，凡是没有依附贼人的，私下给了白布小旗，约定大军抵达的那天把旗子插在门上，禁止士兵胡乱杀人，保全了万人的性命。后来谢都事的儿子谢迁中了状元，官至宰辅；孙子谢丕又中了探花。

【点评】

历来的战争中，最无辜的受害者便是成千上万的普通百姓。他们无意政治，却完全被动地卷入其中，在混乱的时局中，他们的生死似乎没有人有能力去关照。但谢都事却能够念及无辜，避免了万余百姓的牺牲。可见只要心存善念，总会有方法去行善，正所谓"慈悲生智慧"。

【原文】

莆田林氏，先世有老母好善，常作粉团施人，求取即与之，无倦色。一仙化为道人，每旦索食六七团。母日日与之，终三年如一日，乃知其诚也。因谓之曰："吾食汝三年粉团，何以报汝？府后有一地，葬之，子孙官爵，有一升麻子之数。"

其子依所点葬之，初世即有九人登第，累代簪缨①甚盛。福建有"无林不开榜"之谣。

【注释】

①簪缨：簪和缨都是古代官员的冠饰，因以比喻显贵。

【译文】

（福建）莆田有姓林的一家人，祖上有位老妇人好善乐施，经常做些粉团施舍与人，只要向她要就会给，毫无厌倦之色。一位神仙化为道人，每天早上向老妇人要六七个粉团。老妇人天天给他，三年如一日，神仙知道了她的诚心，于是对她说："我吃了你三年的粉团，用什么来报答你呢？你家后面有一块地，安葬在那里，就能让子孙加官晋爵，将来为官的子孙会有一升麻子的数量那么多。"

后来她的儿子按照神仙说的地方安葬她，第一代后人中就有九人考中了科举，后来世世代代高官显贵特别多。福建有"无林不开榜"的歌谣。

【点评】

善事一天做一件很容易，但要连续做一年很多人就难以坚持了，特别是像林氏妇人这样能每天给一位道人无偿提供食物，并且从未厌倦和间断，更是难得。偶尔的善意其实很简单，但能把善良真正融于生活，当作日常的一部分，实在难能可贵。老妇人之所以能打动神仙，也是因为她善心的真诚，不求回报。虽然神仙最终使她的子孙兴旺腾达，但回报绝非行善的目的。如果抱着有所回报的功利心态来行善，那就失去了诚意，不仅无法打动别人，更不会发生奇迹。

【原文】

冯琢庵①太史之父，为邑庠生②，隆冬早起赴学，路遇一人，倒卧雪中，扪之，半僵矣，遂解己绵裘衣之，且扶归救苏。梦神告之曰："汝救人一命，出至诚心，吾遣韩琦③为汝子。"及生琢庵，遂名琦。

【注释】

①冯琢庵：冯琦，字琢庵，明万历年间进士。

②庠生：明清时期府、州、县生员的别称。庠为古代学校之名。

③韩琦：北宋政治家，字稚圭，自号赣叟，相州安阳（今属河南）人。天圣五年（1027）考中进士。任右司谏时，一日奏罢四名正副宰相，为时论所称。宝元三年（1040）西北边事起，任

陕西安抚使，与范仲淹共同率兵拒敌，防御西夏。《宋史·韩琦传》介绍说："（韩）琦与范仲淹在兵间久，名重一时，人心归之，朝廷倚以为重，故天下称为'韩范'。"有歌谣："军中有一韩，西贼闻之心胆寒；军中有一范，西贼闻之惊破胆。"

【译文】

冯琢庵太史的父亲还是县里一个秀才的时候，在一个严冬早晨去学校，半路遇到一人倒在大雪之中，一摸，已经冻得半僵了，于是解开自己的棉衣皮袍给这人穿上，并扶他回到家里，把他救醒。后来梦见神人告诉他说："你救了一个人的命，是出于诚心，我派韩琦做你的儿子吧。"等到冯琢庵出生时，就给他取名为"琦"。

【点评】

在性命攸关之际，能及时把人从危难中拉出来，也是一大善举。如果冯先生看到路人倒在雪中，因为怕自己的利益受损而没有上前搭救，那么路人很可能最终会冻死道旁。即使有担忧和疑虑，在可贵的生命面前也要做出让步，这是每个人应有的价值判断。

【原文】

台州应尚书①，壮年习业于山中。夜鬼啸集，往往惊人，公不惧也。一夕闻鬼云："某妇以夫久客不归，翁姑②逼其嫁人。明夜当缢死于此，吾得代矣。"公潜卖田，得银四两，即伪作其夫之书，寄银还家。其父母见书，以手迹不类，疑之。既而曰："书可假，银不可假，想儿无恙。"妇遂不嫁。其子后归，夫妇相保如初。

公又闻鬼语曰："我当得代，奈此秀才坏吾事。"

旁一鬼曰："尔何不祸之？"

曰："上帝以此人心好，命作阴德尚书矣，吾何得而祸之？"

应公因此益自努励，善日加修，德日加厚。遇岁饥，辄捐谷以赈之；遇亲戚有急，辄委曲③维持；遇有横逆④，辄反躬自责，怡然顺受。子孙登科第者，今累累也。

【注释】

①应尚书：即应大猷，字邦升，号谷庵，明代正德年间进士，官至刑部尚书。

②翁姑：公公和婆婆。

③委曲：辗转周折。

④横逆：态度蛮横，强暴无理。

【译文】

台州的应大猷尚书，年轻时曾在山中学习。夜晚有鬼怪聚集在一起大叫，总是很吓人，但应大猷并不害怕。一天晚上，他听到鬼说："某人的妻子因为丈夫在外很久都没回家，公公婆婆逼着她嫁给别人。明天晚上她会在这里吊死，我就可以得到替代了。"应大猷就偷偷卖了田产，得到四两银子，又伪作她丈夫的书信，把银两寄到她家里。她丈夫的父母见到信，由于笔迹不像而产生怀疑。但这之后又想到："书信可能是假的，但钱肯定不是，想来儿子应该没有出事。"儿媳于是没有改嫁。儿子后来回家了，夫妇像从前一样相敬相爱。

应大猷又听到鬼说："我本应当得到替代，怎奈这秀才坏了我的好事。"

旁边一个鬼说："你为何不给他生些灾祸呢？"

那鬼回答："上天因为这个人心地善良，已经暗中任命他做尚书了，我怎么能害他呢？"

应大猷于是更加努力，每天都做善事，功德日渐加深。遇到荒年，就捐出谷米来赈灾；遇到亲戚有危急之事，就辗转周折地帮忙维持；遇到强横无理的人，就回头检查自己的过失，欣然接受。他的子孙后代登科及第的人，如今比比皆是。

【点评】

古人将天视为自然与人世至高无上的主宰。民间传说中，鬼能给人间制造灾祸，但面对受到上天眷顾的人，鬼也无可奈何。应大猷的一封书信和一份银两，就能挽救一个人的一生，实为难得，这同样印证了"只要有善心就有方法行善"的道理。而且，虽然那一家人可能一辈子都不会得知这封信和银两的真正来历，但确实改写了一家人的命运，这再次证实命运并非一成不变，事在人为而已。

【原文】

常熟徐凤竹栻[①]，其父素富。偶遇年荒，先捐租以为同邑之倡[②]，又分谷以赈贫乏。夜闻鬼唱于门曰："千不诓，万不诓，徐家秀才，做到了举人郎。"相续而呼，连夜不断。是岁，凤竹果举于乡。其父因而益积德，孳孳[③]不怠，修桥修路，斋僧接众，凡有利益，无不尽心。后又闻鬼唱于门曰："千不诓，万不诓，徐家举人，直做到都堂[④]。"凤竹官终两浙巡抚。

【注释】

①徐凤竹栻（shì）：即徐栻（1519—1581），字世寅，号凤竹，明代常熟（今江苏常熟）人。

②倡：倡导，带头。

③孳孳（zī zī）：同"孜孜"，勤奋不懈的样子。

④都堂：官署名。"都"有"大"的意思，唐代尚书令有办公大厅，故名都堂。明清时称都察院堂上官为都堂；另外总督、巡抚加都御史、副佥都御史衔者，也称都堂。

【译文】

常熟人徐栻，号凤竹，他的父亲一向富有。一次遇到荒年，他先捐出田租来做同乡人的表率，又分发谷子来赈济贫困的人。夜里听见鬼在门外唱道："千不骗，万不骗，徐家的秀才，做到了举人郎。"接连着大声唱，整夜都不停。这年，徐栻果然在乡试中中了举人。他的父亲因此更注重积德善行，孜孜不倦，修桥修路，施舍僧人，接济百姓，凡是有利于他人的事，都尽心尽力。后来又听到鬼在门外唱道："千不骗，万不骗，徐家的举人，一直做到了都堂。"徐凤竹最终果然当上了两浙的巡抚。

【点评】

徐栻的父亲捐款救灾，赈济百姓，于是儿子中了举人。他把这两件事归结为因果福报，认为做了善事在日后一定会有所收获。这种心理会让人更加坚信行善积德的价值，古代千年来一直流传"善有善报"的说法，也正是想以此劝人向善。

【原文】

嘉兴屠康僖公①，初为刑部主事，宿狱中，细询诸囚情状，得无辜者若干人。公不自以为功，密疏其事，以白堂官②。后朝审③，堂官摘其语，以讯诸囚，无不服者，释冤抑十余人，一时辇下④咸颂尚书之明。

公复禀曰："辇毂⑤之下，尚多冤民；四海之广，兆民之众，岂无枉者？宜五年差一减刑官，核实而平反之。"

尚书为奏，允其议。时公亦差减刑之列。梦一神告之曰："汝命无子，今减刑之议，深合天心，上帝赐汝三子，皆衣紫腰金⑥。"是夕夫人有娠，后生应埙、应坤、应埈⑦，皆显官。

【注释】

①屠康僖公：即屠勋，字符勋，号东湖，浙江平湖人，谥号康僖。

②堂官：明、清时对中央各衙门长官的称呼，如各部尚书、侍郎，各寺的卿官等，因其为殿堂上之官，故称堂官。

③朝审：明、清时期的一种死刑复核制度。

④辇下：指京城。辇，人拉的车，汉以后为天子之车的专称。

⑤辇毂：天子的车驾，指京城。

⑥衣紫腰金：身穿紫袍，腰佩金银鱼袋。本为大官的装束，亦借指做大官。紫，紫袍，古代官服。金，指金饰。

⑦埈（jùn）：同"峻"，此处用于人名。

【译文】

嘉兴的屠勋，谥号康僖，最初为刑部主事，住在监狱里详细询问每个囚犯的案情，发现有若干无辜入狱的人。屠勋不把这些当作自己的功劳，私下记下这些事，并告诉了刑部长官。后来朝审的时候，刑部尚书就摘选屠勋的记录来审问这些犯人，无人不信服，释放了十多个被冤枉的囚犯，一时间京城里都称颂尚书大人的英明。

屠勋又禀报说："京城之中，尚且有许多被冤枉的百姓；天下这么大，百姓众多，难道没有被冤枉的吗？应该五年派一个减刑官去各地核实案情，为冤者平反。"

刑部尚书将此事上奏朝廷，皇上批准了奏议。当时，屠勋也被委派为减刑官。他梦见一位神仙告诉他说："你命中没有儿子，现在减刑的奏议，与上天的好生之德深深契合，上帝赐给你三个儿子，并且他们都将享受高官厚禄。"这个晚上屠夫人有了身孕，后来生了应埙、应坤、应埈三个儿子，都官至高位。

【点评】

屠勋一心为冤案平反，而不将功劳归于自己，正如《道德经》所说的"功成而弗居"，毫无贪功之念。这与东汉名将冯异有相似之处。当其他将士都争着申述自己的战功时，冯异却独自远远地坐在树下，从不参与，因此他也被称为"大树将军"。而因为他为人谦逊，士兵们都愿意追随于他。

历朝历代都有冤案，有的官员认为难以避免就不去追究，有的却能竭力为民请命。对于为官者，断案执法只是他们的工作，但对于百姓，一个判决足以影响他们的一生。以民为本，乃是为官者应时刻放在心里的准则。

【原文】

嘉兴包凭，字信之，其父为池阳太守，生七子，凭最少，赘平湖袁氏，与吾父往来甚厚。博学高才，累举不第，留心二氏①之学。一日东游泖湖，偶至一村寺中，见观音像，淋漓露立，即解囊②中得十金，授主僧，令修屋宇。僧告以功大银少，不能竣事。复取松布四匹，检箧中衣七件与之。内纻褶③，系新置，其仆请已之。凭曰："但得圣像无恙，吾虽裸裎④何伤？"僧垂泪曰："舍银及衣布，犹非难事；只此一点心，如何易得。"

后功完，拉老父同游，宿寺中。公梦伽蓝⑤来谢曰："汝子当享世禄矣。"后子汴，孙柽芳，皆登第，作显官。

【注释】

①二氏：指佛、道两家。

②橐（tuó）：口袋。

③纻褶：纻麻做的夹衣。

④裸裎（chéng）：赤身裸体。

⑤伽蓝：本意指众僧所住之地，即佛教寺院。后称寺院的护法神为伽蓝，俗称"伽蓝护法"。

【译文】

嘉兴的包凭，字信之，他的父亲是池阳县太守，生有七个儿子，包凭最小，入赘到平湖县袁家，与我的父亲交情很好。包凭博学多才，但屡考不中，留心研究佛老之学。一天，包凭东游泖湖，偶然到了一座村寺中，看到观音像在露天中被风吹雨打，立即解开口袋拿出十两银子给寺庙住持，让他重修寺庙。僧人告诉他修庙的工程太大，而银两很少，不够完成修缮。包凭又取来四匹松江所产的布，再从行李箱中挑出七件衣服交给主持。其中一件纻麻夹衣是新做的，他的仆人劝他自己留着。包凭说："只要圣像完好无损，我即便赤身裸体又有什么关系呢？"僧人感动落泪，说道："施舍银两和布匹并非难事，但这片心意，真是非常难得啊。"

工程结束后，包凭便拉着我父亲一同游赏，晚上住在寺庙里。包凭梦到伽蓝护法神前来感谢，说道："你的儿子应当享受荣华富贵。"后来他的儿子包汴、孙子包柽芳都登科及第，成为高官。

【点评】

古代读书人都有登科及第、为官入仕的理想，像包凭一样才学渊博但屡试不第的人才也一定不在少数。在"学而优则仕"的儒家理念行不通时，人就会为自己的人生打开另一道出口，这便是佛老之学。俗话说，佛道不分家，说的就是这二者有诸多相通之处，比如都提倡摒弃功名，超然处世，奥义深邃，发人深省，这对失意的书生是莫大的慰藉。

【原文】

嘉善支立之父，为刑房吏。有囚无辜陷重辟①，意哀之，欲求其生。囚语其妻曰："支公嘉意，愧无以报。明日延之下乡，汝以身事之，彼或肯用意，则我可生也。"其妻泣而听命。及至，妻自出劝酒，具告以夫意，支不听。卒为尽力平反之。囚出狱，夫妻登门叩谢曰："公如此厚德，晚世②所稀。今无子，吾有弱女，送为箕帚妾③，此则礼之可通者。"支为备礼而纳之，生立，弱冠中魁，官至翰林孔目④。立生高，高生禄，皆贡为学博⑤。禄生大纶，登第。

【注释】

①重辟：重刑，死罪。

②晚世：近世。

③箕帚妾：持箕帚的妾，比喻地位低下，借作妻妾的谦称。

④翰林孔目：翰林院官名。

⑤学博：唐代府郡设置经学博士各一人，掌以五经教授学生。后泛称学官为学博。

【译文】

嘉善人支立的父亲是刑房的官吏。有个囚犯没有罪却被判了重刑，支立的父亲怜悯他，想要让他活下来。囚犯对妻子说："支先生好意救我，惭愧我没有什么可以报答他的，明天请他到乡下，你就委身于他吧。他如果肯费心，那我就可以活命了。"他的妻子哭泣着答应了。等支立的父亲到了，囚犯的妻子亲自出来劝酒，把丈夫的意思都告诉了支立的父亲，支立的父亲不答应。但他最终还是尽力为这个囚犯平反了。囚犯出狱后，夫妻二人登门向支立的父亲感谢说："您这样仁厚有德，是近世少有的好官。您还没有儿子，我们有一个女儿，送给您做小妾吧，这在礼法上是行得通的。"支先生就礼仪周全地迎娶了这对夫妻的女儿，后来生下了支立。支立二十岁时中了举人，官至翰林孔目。支立生下支高，支高生了支禄，他们都曾做过学官。支禄生了支大纶，大纶考中了进士。

【点评】

支立的父亲秉公办事，即便是主动送来的好处，也绝不乘人之危；相比之下，囚犯从送妻到送女的做法显然是典型的封建礼教观念，以牺牲女性的权利为代价来换取自己的性命。此段故事虽然依旧讲善有善报，但在今天于情于理都是讲不通的。古代女性不能决定自己的人生，被男性当作附属品甚至物质替代品用来赠送、回报，实在荒唐而落后。

【原文】

凡此十条，所行不同，同归于善而已。若复精而言之，则善有真、有假；有端①、有曲；有阴、有阳；有是、有非；有偏、有正；有半、有满；有大、有小；有难、有易：皆当深辨。为善而不穷理，则自谓行持，岂知造孽，枉费苦心，无益也。

【注释】

①端：端正。

【译文】

以上共计十条，所做的事情不同，但都可归于善行。如果再细致地讲，就是行善有真的，有假的；有端正的，有扭曲的；有别人知道的，有别人不知道的；有对的，有错的；有偏的，有正的；有一半的，有全部的；有大的，有小的；有困难的，有容易的：这些都应当进一步区分。做善事而不穷究其中的道理，那么自以为是在修持，却不知道是在造孽，枉费苦心，是没有益处的。

【点评】

行善不是盲目的。以上十则事例并非随意所讲，而是有意安排。行善分很多情况，需要加以区分，以免误入歧途，枉费苦心。行善既需要诚心，也需要智慧和明理。

【原文】

何谓真假？昔有儒生数辈，谒中峰和尚[①]，问曰："佛氏论善恶报应，如影随形。今某人善，而子孙不兴；某人恶，而家门隆盛：佛说无稽[②]矣。"

中峰云："凡情未涤，正眼[③]未开，认善为恶，指恶为善，往往有之。不憾己之是非颠倒，而反怨天之报应有差乎？"

众曰："善恶何致相反？"

中峰令试言。

一人谓："詈[④]人殴人是恶，敬人礼人是善。"

中峰云："未必然也。"

一人谓："贪财妄取是恶，廉洁有守是善。"

中峰云："未必然也。"

众人历言其状，中峰皆谓不然。因请问。中峰告之曰："有益于人，是善；有益于己，是恶。有益于人，则殴人、詈人皆善也；有益于己，则敬人、礼人皆恶也。是故人之行善，利人者公，公则为真；利己者私，私则为假。

又根心⑤者真，袭迹⑥者假。又无为而为者真，有为而为者假。皆当自考。"

【注释】

①中峰和尚：元代天目山高僧，俗姓孙，名明本，字中峰，号幻住道人。

②无稽：无从考察，没有根据。稽，考证。

③正眼：正知、正见的眼睛。

④詈（lì）：骂。

⑤根心：发自本心。

⑥袭迹：沿袭他人的行径。

【译文】

什么是真、假呢？从前有几名儒生，去拜见中峰和尚，问道："佛家说的善恶报应，就像影子追随身体一样灵验。现在有人很善良，但子孙并未兴旺；有人作恶，家族反而兴隆昌盛：佛说的真是无稽之谈啊。"

中峰和尚说："凡尘的情感还没有去除，正见的眼睛还没有开启，把善当作是恶，把恶当作是善，这些情况常常发生。不遗憾自己颠倒是非，反而还抱怨上天的报应有差错吗？"

众人说："善恶怎么会被弄反呢？"

中峰和尚让他们试着描述善恶的样子。

一个人说："骂人、打人是恶，尊敬人、礼遇人是善。"

中峰和尚说："不一定是这样的。"

一个人说："贪图钱财、拿不属于自己的东西是恶，清正廉洁、有操守的是善。"

中峰和尚说："不一定是这样的。"

众人历数自己心中的善恶标准，中峰和尚都认为未必如此。于是众人向他请教原因。中峰和尚告诉大家："对他人有益的是善，对自己有益的是恶。如果对他人有益，那么打人骂人都是善行；如果对自己有益，那么尊敬别人、礼遇别人都是作恶。所以人们行善，有利于他人的就是为公，为公就是真的；有利于自己的就是为私，为私就是假的。而且，发自内心的是真，沿袭别人行经的是假。再则，不为所求的行善是真，有目的的行善是假。这些都需要自己分辨考察。"

【点评】

是善是恶，取决于行善的目的与结果，而非行善的过程。比如文中的举例，打人、骂人可能是出于对他人的苦心教导，或者是特殊情况下的巧妙保护，如此便是行善；而尊敬和礼遇，有时是值得珍惜的，有时却需要警惕，因为它可能是谄媚、巴结造成的假象，如此便是作恶。全书也终于在此处提出了行善的最高境界——"无为而为"，便是说行善本应无所求，甚至也不是为了积德而行善，积德不是目的，至多是行善的附加而已。

【原文】

何谓端曲？今人见谨愿①之士，类称为善而取之；圣人则宁取狂狷②。至于谨愿之士，虽一乡皆好，而必以为德之贼③。是世人之善恶，分明与圣人相反。推此一端，种种取舍，无有不谬。天地鬼神之福善祸淫，皆与圣人同是非，而不与世俗同取舍。凡欲积善，绝不可徇耳目④，惟从心源隐微处，默默洗涤。纯是济世之心，则为端；苟有一毫媚世之心，即为曲。纯是爱人之心，则为端；有一毫愤世之心，即为曲。纯是敬人之心，则为端；有一毫玩世之心，即为曲。皆当细辨。

【注释】

①谨愿：谨慎诚实。

②狂狷：儒家提出的人的两种性格，"狂"指志气激昂，"狷"指谨厚拘守。

③德之贼：道德的败坏者。语出《论语·阳货》："乡原，德之贼也。"

④徇耳目：被声色使役。徇，依从，遵从。

【译文】

什么是曲、直呢？现在人看到谨慎诚实的人，就一概把他们称为好人并效仿他们；圣贤则宁肯取法于志向高远、安分自守的人。至于看起来谨慎老实的人，虽然全乡人都喜欢他，但圣人一定会把他当作道德的败坏者。这是世俗之人的善恶观，明显与圣人的善恶观相反。从这件事上推知，世上的许多取舍，没有不出错的。天地鬼神给世人降下的福报恶报，都与圣人的观念相一致，却与世俗之见不同。但凡想要积累善行的，绝不可以被声色使役，只要从内心念头的发起处去默默洗涤净化。纯粹是出于救济世人之心，就是直；如果有一丝哗众取宠之心，就是曲。纯粹是出于爱人之心，就是直；有一丝愤世之心，就是曲。纯粹是出于尊敬他人之心，就是直；有一丝玩世不恭的想法，就是曲。这些都应当仔细分辨。

【点评】

行善的态度有曲直之分，这取决于行善的心理。行善应是一件很纯粹的事，如果掺杂进攀比之心、怨愤之心、游戏之心等蒙蔽世人的障碍，行善的本心就会被扭曲，善则变为不善，于人于己都没有益处。而最终的因果报应也不会按照表象来分配，心中所想，鬼神自知，无论世人怎样评价都改变不了。

【原文】

何谓阴阳？凡为善而人知之，则为阳善；为善而人不知，则为阴德。阴德，天报之；阳善，享世名。名，亦福也。名者，造物所忌。世之享盛名而实不副者，多有奇祸；人之无过咎而横被恶名者，子孙往往骤发，阴阳之际微矣哉。

【译文】

什么是阴、阳呢？但凡行善而被人知道的，就是阳善；行善而不为人所知的，就是阴德。积阴德的人，上天会报答他；行阳善的人，会享有世间的盛名。世间的盛名也是一种福报。名声是造物者所忌讳的。世间享有盛名但名不副实的人，大多会有意想不到的灾祸；那些没有过错却无辜背负恶名的人，其子孙往往骤然发达，阴阳之间的关系很微妙啊。

【点评】

阴德与阳善的辩证观，也印证了前文对行善真假的辨别，即无所求的行善才是真正的行善。既然无所求，就没有必要让别人知道，别人知道了自然会称赞你，久而久之，美好的名声围绕着自己，而自己也很可能沉溺于盛名之中，受到蒙蔽，反而与最初的行善越来越远。

【原文】

何谓是非？鲁国之法，鲁人有赎人臣妾①于诸侯，皆受金于府。子贡②赎人而不受金。孔子闻而恶之曰："赐失之矣。夫圣人举事，可以移风易俗，而教道可施于百姓，非独适己之行也。今鲁国富者寡而贫者众，受金则为不廉，何以相赎乎？自今以后，不复赎人于诸侯矣。"

子路③拯人于溺，其人谢之以牛，子路受之。孔子喜曰："自今鲁国多拯人于溺矣。"

自俗眼观之，子贡不受金为优，子路之受牛为劣，孔子则取由而黜④赐焉。乃知人之为善，不论现行而论流弊；不论一时而论久远；不论一身而论天下。现行虽善，而其流足以害人，则似善而实非也；现行虽不善，而其流足以济人，则非善而实是也。然此就一节论之耳，他如非义之义，非礼之礼，非信之信，非慈之慈，皆当抉择。

【注释】

①臣妾：西周、春秋时期对服贱役的奴隶的一种称谓。男性奴隶称臣，女性奴隶称妾。

②子贡：姓端木，名赐，字子贡。孔子弟子中七十二贤之一。

③子路：姓仲，名由，字子路，又字季路。孔子弟子中七十二贤之一。

④黜：贬低。

【译文】

什么是是、非呢？鲁国的法律规定，凡是鲁国人从别国诸侯那里赎回被掳走做奴仆的人，都可以受到赏赐。子贡赎了人却没有接受赏金。孔子听说后便责备他说："子贡做得不对啊。圣人做事，可以改变不良风俗，从而教化百姓，并非只是符合自己意愿就去做。现在鲁国富人少，穷人多，如果接受政府的赏赐是不廉洁的话，那谁还愿意去赎人呢？从此以后，不会再有人到别国诸侯那里赎人了。"

子路救了一个溺水者，被救者用一头牛表示感谢，子路接受了。孔子高兴地说："从此，鲁国将有更多救助溺水者的人了。"

依世俗之见来看，子贡不接受赏金是好的，子路接受了牛是不好，孔子却赞赏子路而贬低子贡。由此知道人的行善，不要看现下的行事，而要看是否会给后世带来不良效应；不能只看一时，应该考虑长远；不能只看自身的得失，而要看对天下的影响。现下的行事虽然出于善意，但延续的

结果足以害人，那么看似是善其实是不善；现下的行事虽然
不善，但延续的结果足以帮助别人，那么看似不善其实是
善。但这是就其中一个方面讨论而已，其他的比如看似不
义实则是义，看似不礼实则是礼，看似不信实则是信，看
似不慈实则是慈，这些都应当加以辨别。

【点评】

在前文端曲之辩中，了凡就提到世俗的是非观与圣人
的是非观有时是恰恰相反的。此处也正印证了这一说法。
世人考虑事情，一向着重于眼前、自身，而圣人因为胸怀
天下、心思通达，所以看得更远更广，他们深知一件事做
得恰不恰当会给社会带来怎样的影响。最怕那些自以为比
平庸之人道德优越、实则又达不到善的最高境界的人，对
一时的善举引以为傲，沾沾自喜，却察觉不到自己的短见
和对世人的负面影响。

【原文】

何谓偏正？昔吕文懿公①初辞相位，归故里，海内仰
之，如泰山北斗②。有一乡人醉而詈之，吕公不动，谓其
仆曰："醉者勿与较也。"闭门谢之。逾年，其人犯死刑入
狱。吕公始悔之曰："使当时稍与计较，送公家③责治，可
以小惩而大戒。吾当时只欲存心于厚，不谓养成其恶，以
至于此。"此以善心而行恶事者也。

又有以恶心而行善事者。如某家大富，值岁荒，穷民
白昼抢粟于市。告之县，县不理，穷民愈肆，遂私执④而

困辱之，众始定。不然，几乱矣。故善者为正，恶者为偏，人皆知之。其以善心而行恶事者，正中偏也，以恶心而行善事者，偏中正也，不可不知也。

【注释】

①吕文懿公：即吕原，字逢源，秀水人，明代正统年间进士，授翰林编修，后晋升为翰林院学士，赠礼部左侍郎，谥号文懿。

②泰山北斗：比喻德高望重或有卓越成就而为众人所敬仰的人。泰山，五岳之首。北斗，群星之最。

③公家：指朝廷、官府。

④执：捉拿。

【译文】

什么是偏、正呢？从前吕文懿公刚辞去宰相的职位，回到故乡，当时天下人都很敬仰他，像仰望泰山和北斗星一般。有一天，一个同乡喝醉了，骂吕文懿公，吕先生不为所动，对他的仆人说："不要和酒醉的人计较。"关上门避开他。过了一年，那个乡人因为犯了死罪而入狱。吕先生才后悔地说："如果当时稍微与他计较一下，把他送到官府去惩治一番，就可以用小的惩罚使他有大的戒惧。我当时只想着心存仁厚，没想到助长了他的恶行，以致到了现在的地步。"这就是怀有善心，却做了恶事。

也有以恶心做好事的。例如，有一个富裕人家，正当荒年，贫穷的百姓光天化日之下就在集市上抢米。告到县衙，县衙不理睬，贫民更加放肆，这富人家于是私自捉拿百姓，把他们关起来并加以羞辱，抢米的人才安定下来。否则，就要大乱了。所以为善是正，作恶是偏，这是众人皆知的道理。那些出于善意而做了恶事的人，是正中的偏，出于恶意而做了好事的人，是偏中的正，这些道理不可不知。

【点评】

行善虽有正中之偏、偏中之正的区分，但这两者都是无心之为。吕文懿公无意助长乡人的恶念，富人家也无心遏制一场动乱。这与前文孔子所讲为善要预见长远的效应是不同的。如果吕文懿公当时就把乡人送到官府，别人可能会议论纷纷，认为他气量小，从而有损他泰山北斗般的形象，但对于乡人却能令其得到一次教训，从此学会收敛自己的不良德行。或许乡人会怨恨吕先生，认为他斤斤计较，却不知正是如此才能助其避免犯下更大的罪过。可对一个死刑犯来说，什么都晚了。后人当引以为戒，防患于未然。

【原文】

何谓半满？《易》曰："善不积，不足以成名；恶不积，不足以灭身。"《书》曰："商罪贯盈①，如贮物于器。"勤而积之，则满；懈而不积，则不满。此一说也。

昔有某氏女入寺，欲施而无财，止有钱二文，捐而与之，主席者亲为忏悔。及后入宫富贵，携数千金入寺舍之，主僧惟令其徒回向而已。

因问曰："吾前施钱二文，师亲为忏悔；今施数千金，而师不回向，何也？"

曰："前者物虽薄，而施心甚真，非老僧亲忏，不足报德；今物虽厚，而施心不若前日之切，令人代忏足矣。"此千金为半，而二文为满也。

钟离②授丹于吕祖③，点铁为金，可以济世。

吕问曰："终变否？"

曰："五百年后，当复本质。"

吕曰："如此则害五百年后人矣，吾不愿为也。"

曰："修仙要积三千功行，汝此一言，三千功行已满矣。"

此又一说也。

又为善而心不着④善，则随所成就，皆得圆满。心着于善，虽终身勤励，止于半善而已。譬如以财济人，内不见己，外不见人，中不见所施之物，是谓三轮体空⑤，是谓一心清净，则斗粟可以种无涯之福，一文可以消千劫⑥之罪，倘此心未忘，虽黄金万镒⑦，福不满也。此又一说也。

【注释】

①贯盈：以绳穿钱，穿满了一贯。多指罪恶满盈。贯，古代货币单位，以千钱为贯，俗称钱串。盈，满、溢。

②钟离：复姓钟离，名权，字云房，唐五代道士，后演为八仙之一的汉钟离。

③吕祖：即吕洞宾，名岩，号纯阳子，唐末道士，后演为八仙之一。

④着：执着，挂碍。

⑤三轮体空：亦称"三轮清净"。指布施时应有的态度。三轮，一般指能施、所施、施物（法）三轮，如对于布施而言，施者、受施者、所施之物为三轮。体此三者性空无相而离执着，以如此之心行施，称三轮体空、三轮清净。

⑥千劫：指久远的时间与无数的生灭成坏。

⑦镒（yì）：古代重量单位，合二十两。一说二十四两。

【译文】

什么是半、满呢？《易经》说："不积累善行，就不能成名；不积累恶行，就不会造成杀身之祸。"《尚书》说："商纣王的罪恶就像穿满了一贯的钱，像用东西装满了容器一样。"勤奋地积累，就会满；懈怠而不积累，就不满。这是一种说法。

从前有个人家的女子来到一座寺庙，想要布施却没有什么钱，只有两文钱，就捐给了寺庙。寺庙住持亲自为她忏悔。后来女子入了宫，享尽富贵，带着几千两银子来到寺庙施舍，住持却只命弟子来为她做回向而已。

女子于是问道："我之前只施舍了两文钱，大师您便亲自为我忏悔，现在我施舍了几千两，大师却不亲自为我做回向，这是为什么呢？"

大师回答说："之前你捐的钱虽然微薄，但施舍之心是十分真诚的，如果老僧我不亲自为你做忏悔，不足以回报你的恩德。现在你捐的钱财虽然丰厚，但施舍之心不像从前那样真切了，让别人代我为你忏悔已经足够。"这几千两的布施就是半，而那两文钱的布施就是满。

钟离把炼丹术传授给吕祖，点铁成金，可以救济世人。

吕祖问道："点铁成金后最终还会变回原样吗？"

钟离回答："五百年之后，会恢复铁的本质。"

吕祖说："既然这样，就害了五百年以后的人，我不愿意这样做。"

钟离说："修仙需要积累三千件功德，你这一句话，就把三千功德积满了。"

这是又一种说法。

另外，行善时心中不执着于善，那么随便做什么善事，都会得到圆满的结果。内心执着于善，即便一生都很勤勉，也不过是半善而已。比如，用财物救济他人，向内看不见自己，向外看不见所帮助的人，中间看不见所布施的财物，这叫作"三轮体空"，也叫作"一心清静"，那么一斗米就可以种下无限的福田，一文钱就可以消减千劫的罪孽。如果内心不能忘怀所做的善事，即便施舍黄金万镒，福报也不会圆满。这是又一种说法。

【点评】

半善与满善之间的区别就在于行善之心是否足够真切。满善不在于布施的财物多少，而是不执着于行善的表象，甚至只是一个发自善心所坚守的一个准则。满怀真诚去行善的人，不会有居高临下的道德优越感，也不会惦记着自己有恩于人。

【原文】

何谓大小？昔卫仲达为馆职^①，被摄至冥司，主者^②命吏呈善恶二录。比至，则恶录盈庭，其善录一轴，仅如箸而已。索秤称之，则盈庭者反轻，而如箸者反重。仲达曰："某年未四十，安得过恶如是多乎？"

曰："一念不正即是，不待犯也。"

因问轴中所书何事？曰："朝廷尝兴大工，修三山石桥，君上疏谏之，此疏稿^③也。"

仲达曰："某虽言，朝廷不从，于事无补，而能有如是之力。"

曰："朝廷虽不从，君之一念，已在万民；向使听从，善力更大矣。"

故志在天下国家，则善虽少而大；苟在一身，虽多亦小。

【注释】

①馆职：在馆阁任职。

②主者：冥官。

③疏稿：奏疏的草稿。

【译文】

什么是大、小呢？曾经的卫仲达在馆阁任职时，魂魄被摄到阴间，冥官命鬼吏呈上他的善恶两种记录。记录送到后，发现他的罪恶记录堆满了庭院，而他的行善记录只是筷子一般粗细的小卷轴。取秤来称它们，却发现堆满庭院的罪恶记录反而很轻，而像筷子一样细的行善记录反而很重。卫仲达说："我还不到四十岁，怎么会做了这么多恶事呢？"

冥官说："一念不正就是恶，不是等到做了才算。"

卫仲达又问那个小卷轴中记录的是什么事。冥官说："朝廷曾经大兴土木，修建三山石桥，你上奏劝阻此事，这是奏疏的草稿。"

卫仲达说："我虽然劝谏了，但朝廷并未采纳，于事无补，怎么会有这么大的功德？"

冥官说："朝廷虽然没有采纳，但你这一念已经是在为千万百姓所着想了；如果朝廷采纳的话，功德就会更大了。"

所以志在家国天下，即便行善很少也有大功德；如果志在自己一人，那么即便行善很多，功德也会很小。

【点评】

并非做了恶事才算过失，当不义的念头萌生于心时，就开始作恶犯错了。如此算来，很多恶念是被我们忽视的，甚至不以为是过错，这种恶如不防微杜渐，行再多善事也纠正不了。

心怀天下的人，千万苍生都牵动这他的心念，所以事关家国社会的善便是大善，恶也是大恶。

【原文】

何谓难易？先儒谓克己须从难克处克将去。夫子论为仁，亦曰先难。必如江西舒翁，舍二年仅得之束脩^①，代偿官银，而全人夫妇；与邯郸张翁，舍十年所积之钱，代完赎银，而活人妻子：皆所谓难舍处能舍也。如镇江靳翁，虽年老无子，不忍以幼女为妾，而还之邻，此难忍处能忍也。故天降之福亦厚。凡有财有势者，其立德皆易，易而不为，是为自暴。贫贱作福皆难，难而能为，斯可贵耳。

【注释】

①束脩：干肉，是古代学生入学拜师的礼物，后来多指给教师的酬金。

【译文】

什么叫难、易呢？古代儒者曾说，克制约束自己要先从最难克制的地方做起。孔子在论述"为仁"的问题时，也说过要先从难处做起。一定要像江西的舒老先生那样，花两年教书所得的报酬去替别人偿还官银，从而保全了一对夫妇；以及邯郸的张老先生，舍弃十年所积攒的钱财替别人还赎金，从而救活别人的妻儿：这都叫作从难舍处能舍。比如镇江的靳老先生，虽然年老没有子嗣，还是不忍心娶幼女为妾，而将其送还给邻居，这就是在难忍处能忍。所以上天降下的福泽也更深厚。凡是有钱财有权势的人，他们想要行善立德都很容易，容易却不去做，这就是自暴自弃。贫贱的人行善作福都很难，难却能去做，这就很可贵了。

【点评】

行善不论贫贱富贵，也不论权势大小，而贵在诚心践行。难易也需要辩证来看，有的客观看上去很难，但人却愿意勉力为之；有的客观上看很容易，却常常被主观心态所阻碍，由易变难。所以，及时行善，不要说条件不成熟、能力不足，不要等到什么都具备时，反而找到一系列不行善的借口。

【原文】

随缘济众，其类至繁，约言其纲，大约有十：第一，与人为善；第二，爱敬存心；第三，成人之美；第四，劝人为善；第五，救人危急；第六，兴建大利；第七，舍财作福；第八，护持正法①；第九，敬重尊长；第十，爱惜物命。

【注释】

①护持正法：诸佛、菩萨以大悲心，护持如来正法，使一切邪魔外道，无能恼乱，令诸众生正信乐闻，弘通流布，利益无穷。正法，即四谛等真正之法。

【译文】

顺随机缘去帮助众人的事情，有很多种类，大概地列举条目，约有十种：第一，看到别人做善事时，要给予帮助；第二，对于年纪小、辈分低、家境差的人，必须存有爱护之心；对于年纪大、辈分高、德高望重的人，要有恭敬之心；第三，遇到有人在做好事，要极力成全，不可破坏；第四，如果有不愿行善或喜欢作恶的人，要设法劝导；第五，当有人遇到危险或急难时，要竭力挽救或协助；第六，有利于家国天下的事，要尽心尽力去发动，或参与完成；第七，富有的人应该多做布施，既能帮助他人，又能为自身修福积德；第八，对于能够让人增长智慧、知识的正念正见，都应当加以维护；第九，对年纪大、见识广、品德好的人，要多加敬重；第十，对一切生灵，都要加以爱护，珍惜他们的生命，不可随意虐待或杀害。

【点评】

这十条纲要，可以作为有志于行善修身者的参考。每一条都是传统道德的精髓，看似简练，却值得长久坚持，反复领悟。

【原文】

何谓与人为善？昔舜在雷泽①，见渔者皆取深潭厚泽，而老弱则渔于急流浅滩之中，恻然哀之，往而渔焉。见争者皆匿其过而不谈；见有让者，则揄扬②而取法之。期年，皆以深潭厚泽相让矣。夫以舜之明哲，岂不能出一言教众人哉？乃不以言教而以身转之，此良工苦心也！

吾辈处末世，勿以己之长而盖人，勿以己之善而形人，勿以己之多能而困人。收敛才智，若无若虚，见人过失，且涵容而掩覆之：一则令其可改，一则令其有所顾忌而不敢纵。见人有微长可取、小善可录，翻然舍己而从之，且为艳称而广述之。凡日用间，发一言，行一事，全不为自己起念，全是为物立则，此大人天下为公之度也。

【注释】

①雷泽：古泽名，又名雷夏泽，在今山东菏泽东北。
②揄扬：宣扬，赞扬。

【译文】

什么是与人为善呢？从前，舜曾在雷泽湖畔，看到渔人都选水深鱼多的地方捕鱼，而年老体弱的渔人就在急流浅滩捕鱼，舜怜悯他们，就亲自下水打鱼。看到那些争抢的人，就避开他们的过错不去谈论；看到谦让的人，就称赞他们，让大家效法。过了一年，人们都把潭深鱼多的地方相互谦让出来了。以舜的聪明睿智，难道不能说一句话来教导大家吗？可他不用言语教导，而是用自己的行动来转变大家的思想，这是他的良苦用心啊！

我们生活在风气败坏的时代中，不要用自己的长处去压制别人，不要用自己的优点和别人相比，不要用自己的才能去为难别人。收敛自己的才智，让自己像没有什么能力一样，看到别人的过失，也要包容并为他遮掩：这样一方面让他有改正的机会，一方面也让他有所顾忌而不敢放纵。看到别人有一点儿长处可取，有一点儿善行可以借鉴，就要毅然放下自我而学习，并且要大加称赞宣扬。凡是在日常生活中，说一句话，做一件事，都不是因为自己而产生的私心，都是为了给万物树立典范，这是圣人以天下为公的气度。

【点评】

教化他人是可以讲究方法的。像舜帝这样用实践带动他人，在行为处事中自然区分善恶优劣，如此潜移默化要比一次说教更具说服力和影响力。说教之人常常在不经意间表现出自己的道德优越感，即便所言在情理之中，也仍旧将他人置于羞愧难堪的境地。而品德修养不是用来彰显自己的，而是提升自我，从而尽力完善万事万物，为之树立典范，有心教化，并教化有方，不为难别人，才是君子应有的气度。

【原文】

何谓爱敬存心？君子与小人，就形迹观，常易相混，惟一点存心处，则善恶悬绝①，判然如黑白之相反。故曰：君子所以异于人者，以其存心也。君子所存之心，只是爱人敬人之心。盖人有亲疏贵贱，有智愚贤不肖②；万品不齐，皆吾同胞，皆吾一体，孰非当敬爱者？爱敬众人，即是爱敬圣贤；能通众人之志，即是通圣贤之志。何者？圣贤之志，本欲斯世斯人，各得其所。吾合爱合敬，而安一世之人，即是为圣贤而安之也。

【注释】

①悬绝：悬殊，相差很远。

②不肖：不才，不贤，不孝。

【译文】

什么叫作爱敬存心呢？君子和小人，从行为举止和神色上看，经常容易混淆，只有一点存心之处，善恶相差悬殊，就像黑白那样截然相反。所以说：君子之所以与常人不同，在于他的存心。君子所存之心，只有爱人敬人之心。人有亲近、疏远之分，高贵、低贱之分，聪慧、愚笨之分，贤良、不肖之分；千万人的品质不同，但都是我们的同胞，都与我们是一个整体，有谁不应该被尊敬爱护呢？爱护尊敬众人，就是爱护尊敬圣贤；能与众人心志相通，就能与圣贤心志相通。为什么呢？圣贤的心志，本来就是想让这世上的人们各得其所。我们普遍地爱护尊敬世人，使整个世界的人安定，就是为圣贤安定他们了。

【点评】

世人的修养品德千差万别，这本来就是再正常不过的现象，我们每个人也是这千千万万中的一个，所以没有理由产生偏见。同样并没有十全十美的人，也没有一无是处的人，所以每个个体都有值得尊敬和爱护之处。

【原文】

何谓成人之美？玉之在石，抵掷则瓦砾，追琢^①则圭璋^②。故凡见人行一善事，或其人志可取而资可进，皆须诱掖^③而成就之。或为之奖借^④，或为之维持；或为白其诬而分其谤，务使成立而后已。

大抵人各恶其非类，乡人之善者少，不善者多。善人在俗，亦难自立。且豪杰铮铮⑤，不甚修形迹，多易指摘。故善事常易败，而善人常得谤。惟仁人长者，匡直⑥而辅翼之，其功德最宏。

【注释】

①追琢：雕琢。金曰雕，玉曰琢。

②圭璋（guī zhāng）：古代一种贵重玉器。上尖下方曰圭，半圭曰璋。

③诱掖：引导和扶助。

④奖借：称赞，鼓励。

⑤铮铮：本指金属撞击声，比喻坚贞、刚强。

⑥匡直：纠正，端正。

【译文】

什么叫作成人之美呢？玉在石头里，丢掉就成了瓦砾，雕琢则成为圭璋。所以凡是看到有人做善事，或者此人的志向有可取之处，资质有可进步之处，都要加以引导扶助从而使他有所成就。或者褒奖鼓励，或者保护扶持，或者为他辩白遭受的诬陷，分担遭受的毁谤，一定要使他有所成之后才停止。

大概人都厌恶与自己不同的人，乡下人善良的少，不善良的多。善良的人在俗世也难以立足。而且英雄豪杰都傲骨铮铮，不很修饰外表和行为，往往容易被人指责非议。所以行善常常容易失败，善良的人从而经常受到毁谤。只有仁厚的长者，能加以纠正和辅助，这些豪杰的功德才能最宏大。

【点评】

"君子成人之美，不成人之恶。"对于有志向有能力的人来说，从俗世中脱颖而出的过程其实是漫长而艰难的，特别是对一些心怀理想又涉世未深的年轻人来说。他们需要的便是支持与保护，如果有人愿意伸出援手，他们就会有所成就，这世上又会多一份正义与善良。否则，有为之人原本就是少数，如果再相互孤立，对各自的发展都没有益处，社会也会失去很多贤能的人才。

【原文】

何谓劝人为善？生为人类，孰无良心？世路役役①，最易没溺。凡与人相处，当方便提撕②，开其迷惑。譬犹长夜大梦，而令之一觉，譬犹久陷烦恼，而拔之清凉③，为惠最溥④。韩愈云："一时劝人以口，百世劝人以书。"较之与人为善，虽有形迹，然对症发药，时有奇效，不可废也。失言失人，当反吾智。

【注释】

①役役：劳苦的样子。

②提撕：拉扯，提引。引申为提醒、振作。

③清凉：佛教用语，称一切苦、烦恼皆寂灭永息为"清凉"。

④溥：周遍而广大。

【译文】

什么叫作劝人为善呢？生而为人，谁没有良心？但世间路上劳苦不休，最容易让人沉沦其中。凡是与人相处，应当在适当的时候指点提醒别人，解开他们的困惑。就像长夜的一场大梦，使他醒来，就像久陷烦恼，拉他到清凉自在的境界中，这样做的恩惠最为广大。韩愈说："短时间内规劝别人要用嘴，百世劝人要用书。"相比与人为善，虽然行迹外露，但却是对症下药，时常会有神奇的功效，不可以废除。如果对不该劝说的人进行规劝，对该劝说的人反而没有规劝，那就应当反省自己的心智了。

【点评】

与人为善时，更注重潜移默化，亲身实践，因为所帮助的人都是同时代人；但劝人为善既可以劝诚眼前之人，也可以劝诚后世之人，所以劝说之言可以写到纸上传于后世。劝诚时，还要注意因材施教，因为每个人不同的资质决定了他们接受劝诚的程度和反应。掌握这种因人而异的尺度，也是君子必备的修养。

【原文】

何谓救人危急？患难颠沛，人所时有。偶一遇之，当如恫瘝①之在身，速为解救。或以一言伸其屈抑，或以多方济其颠连②。崔子③曰：惠不在大，赴人之急可也。盖仁人之言哉！

【注释】

①恫瘝（tōng guān）：病痛，疾苦。

②颠连：困顿穷苦。

③崔子：名铣（xiǎn），字子钟，明弘治十八年（1505）进士，著有《政义》《文苑春秋》等。

【译文】

什么叫作救人危急呢？处于患难或颠沛流离的境况，是人们常常遇到的。偶然遇到处于困境中的人，应当像痛苦在自己身上一样，尽快救助他。或者说句话为他申冤，或者想方设法支援救济他的困顿。崔子说："恩惠不在于多大，能救济他人的危难就可以了。这是仁德之人说的话啊。"

【点评】

设身处地地为他人着想，在他人有难时，要以救助为先。暂时放下自己手上的事情可能并无多大妨碍，但能及时帮助他人脱离急难则是莫大的功德。

【原文】

何谓兴建大利？小而一乡之内，大而一邑之中，凡有利益，最宜兴建。或开渠导水，或筑堤防患；或修桥梁，以便行旅；或施茶饭，以济饥渴。随缘劝导，协力兴修，勿避嫌疑，勿辞劳怨。

　　什么叫作兴建大利呢？小到一乡之内，大到一县之中，凡是对百姓有利的，最应该兴建。或是挖渠引水，或是筑堤防洪，或是修建桥梁，便于往来，或是布施茶饭，来赈济饥渴的人。一有机会就劝导大家，齐心协力兴建公共事业，不要怕别人说坏话就不去做，不要抱怨辛苦。

【点评】

　　一个地区的公共服务最能体现此地的民生状况，公共设施最大的功能在于利民，而不仅仅是贪图形象与政绩。大到修路筑堤，小到施舍饭食，只要能让百姓生活得更好，都应该不辞辛劳地去做，这一点更值得为政者深思。

【原文】

　　何谓舍财作福？释门①万行②，以布施为先。所谓布施者，只是舍之一字耳。达者内舍六根③，外舍六尘④，一切所有，无不舍者。苟非能然，先从财上布施。世人以衣食为命，故财为最重。吾从而舍之，内以破吾之悭⑤，外以济人之急。始而勉强，终则泰然，最可以荡涤私情，祛除执吝。

【注释】

　　①释门：佛门。

　　②万行：佛教用语，所有修行。万，极言多。行，修行，包

括布施、持戒、忍辱等。

③六根：眼、耳、鼻、舌、身、意，分别为视根、听根、嗅根、味根、触根、念虑之根。根为能生之意，有六根则生六识。

④六尘：色、声、香、味、触、法，与六根相接，便会染污清净之心。

⑤悭：吝啬。

【译文】

什么叫作舍财作福呢？佛门诸般修行，以布施为最重要。所谓布施，只不过是一个"舍"字而已。通达的人，内舍六根，外舍六尘，一切所用的事物，没有什么是不能舍弃的。如果不能这样，就先从财物上布施。世人以衣食维持生命，所以财物是最重要的。我却将它们舍掉，于内得以破除我的吝啬，于外得以救济他人的急难。开始勉强为之，最终便会泰然处之，这样最有助于洗涤私心，祛除执着吝啬之念。

【点评】

世人修正某个缺点，往往从小事改起，不把自己置于紧张艰难的境地，悠然舒适，却收效甚微。而从最紧要处着手，虽然开始不易，但恒心坚持，往后自然会渐入佳境，事半功倍。这就是从难处做起，事情反而变得容易的道理。

【原文】

何谓护持正法？法者，万世生灵之眼目也。不有正法，何以参赞①天地？何以裁成万物？何以脱尘离缚？何以经世出世？故凡见圣贤庙貌②、经书典籍，皆当敬重而修饬③之。至于举扬正法，上报佛恩，尤当勉励。

【注释】

①参赞：参与和调节。

②庙貌：神像，塑像。

③饬：整理。

【译文】

什么叫作护持正法呢？所谓的法，是万世生灵的眼目。没有正法，人怎么能参与天地造化？怎么能化育万物？怎么能脱离尘世的束缚？怎么能入世或出世？所以凡是看到圣贤和神像、经书和典籍，都应当多加敬重或修缮整理。至于弘扬正法，对上报答佛恩，尤其应当劝勉鼓励。

【点评】

圣贤君子、佛像典籍都是值得效法、引人进步的典范。所有这类有利于人类文明发展的人和事物都值得我们竭力维护。

【原文】

何谓敬重尊长？家之父兄，国之君长，与凡年高、德高、位高、识高者，皆当加意奉事。在家而奉侍父母，使深爱婉容①，柔声下气，习以成性，便是和气格天②之本。

出而事君，行一事，毋谓君不知而自恣也。刑一人，毋谓君不知而作威也。事君如天，古人格论③，此等处最关阴德。试看忠孝之家，子孙未有不绵远而昌盛者，切须慎之。

【注释】

①婉容：和顺的仪容。

②格天：感通于天。

③格论：精当的言论，至理名言。

【译文】

什么叫作敬重尊长呢？家里的父亲兄长，国中的君王长官，以及所有年纪大、品德好、地位高、才学广的人，都应当多多用心侍奉。在家侍奉父母，要深爱他们，仪容和顺，柔声下气，养成习惯，化为本性，这就是以和气感通上天的根本。在外侍奉君王，每做一事，不要以为君王不知道而恣意妄为。处罚一个人，不要以为君王不知道就作威作福。侍奉君王好比侍奉上天，这是古人的至理名言，这些地方与阴德关系最紧密。试看那些忠孝之家，子孙没有不是连绵不断而繁荣昌盛的，所以一定要小心谨慎地去做。

【点评】

这里又提到了别人不知道的情况下，为善与作恶的选择，了凡先生依旧用子孙的福报来说明积累阴德的重要性。其实，善恶之念无论在人前还是人后，都体现了一个人的修养境界，如果只在人前做善事，独处时则肆无忌惮，那么他的善不过是一种伪善，尽管当时做了不义之事没有人知晓，日后也一定会由于心思不纯而遭遇不幸，得到教训。这是逻辑的必然。所以，不必念及子孙的福报，只看现世，也不应该在暗处做不义之事，只要还有侥幸的念头，就说明还没有达到真正的善的境界。

【原文】

何谓爱惜物命？凡人之所以为人者，惟此恻隐之心而已；求仁者求此，积德者积此。《周礼》："孟春^①之月，牺牲毋用牝^②。"孟子谓君子远庖厨，所以全吾恻隐之心也。故前辈有四不食之戒，谓闻杀不食，见杀不食，自养者不食，专为我杀者不食。学者未能断肉，且当从此戒之。

渐渐增进，慈心愈长。不特杀生当戒，蠢动含灵^③，皆为物命。求丝煮茧，锄地杀虫，念衣食之由来，皆杀彼以自活，故暴殄^④之孽，当于杀生等。至于手所误伤，足所误践者，不知其几，皆当委曲防之。古诗云："爱鼠常留饭，怜蛾不点灯。"何其仁也！

善行无穷，不能殚述；由此十事而推广之，则万德可备矣。

【注释】

①孟春：春天的第一个月，即农历正月。孟，四季中每季的第一个月。

②牝：雌性的鸟或兽类。

③蠢动含灵：指一切众生。

④暴殄：任意糟蹋毁坏。

【译文】

什么叫作爱惜物命呢？人之所以成为人，就只在于有恻隐之心而已；追求仁的人所求的就是这个，积德的人积累的也是这个。《周礼》说："正月祭祀不要用母畜。"孟子说，君子应当远离厨房，就是为了要保全我们的恻隐之心。所以前辈就有四不食的禁忌，说的是听到宰杀声音的不吃、看到宰杀场景的不吃、自己喂养的不吃、专门为自己宰杀的不吃。后来的人们如果一时不能断肉，姑且应当从这几条禁戒做起。

日渐增进，慈悲之心越来越深。不只是杀害生灵应当禁戒，一切众生，都是生命。煮茧求丝，锄草杀虫，想到衣服食物的来头，都是杀害其他生命来使自己生存下来，所以任意毁坏糟蹋的罪孽，应当和杀生一样。至于手下误伤、脚下误踩的生命，不知道有多少，都应当小心避免发生。古诗中说道："爱鼠常留饭。怜蛾不点灯。"这是何等的仁慈啊！

善行是无穷无尽的，不能全部陈述；从这十件事推而广之，那么一切功德也就完备了。

【点评】

如果我们能设身处地为他人着想，那么也可以做到设身处地地为其他生灵着想。大自然中，万物平等，是一个整体。人类没有理由只求自己的生存，而破坏其他生命，自以为是万物的主宰。心怀慈悲，方能与万物和谐相处。

第四篇　谦德之效

【原文】

　　《易》曰："天道亏盈而益谦，地道变盈而流①谦，鬼神害盈而福谦，人道恶盈而好谦。"是故谦之一卦，六爻皆吉。《书》曰："满招损，谦受益。"予屡同诸公应试，每见寒士②将达，必有一段谦光可掬。

　　辛未计偕③，我嘉善同袍④凡十人，惟丁敬宇宾⑤，年最少，极其谦虚。

　　予告费锦坡曰："此兄今年必第。"

　　费曰："何以见之？"

　　予曰："惟谦受福。兄看十人中，有恂恂⑥款款⑦，不敢先人，如敬宇者乎？有恭敬顺承，小心谦畏，如敬宇者乎？有受侮不答，闻谤不辩，如敬宇者乎？人能如此，即天地鬼神，犹将佑之，岂有不发者？"

　　及开榜，丁果中式。

【注释】

　　①流：流布，充实。

　　②寒士：泛指贫苦的读书人。

　　③计偕：举人赴京会试。

④同袍：泛指朋友、同年、同僚、同学等。

⑤丁敬宇宾：姓丁，名宾，字礼原，号敬宇。

⑥恂恂：恭谨温顺的样子。

⑦款款：诚恳忠实的样子。

【译文】

《易经》中说："天之道是让盈满的亏损而增益欠缺的，地之道是使盈满溢出并流向低洼的，鬼神之道是损害盈满而福佑谦卑的，人之道是厌恶骄傲的而喜好谦虚的。"因此，谦卦这一卦中，六爻都是吉利的。《尚书》中说："自满招致损害，自谦则会获益。"我屡次与诸位考生一起考试，每次遇到有寒门学子将要发达的，都必然有一种谦虚的光彩流露，仿佛可以用双手捧取的样子。

辛未年（1571）举人赴京会试，我们嘉善的同学共有十人，只有丁宾年纪最小，非常谦虚。

我告诉同去的费锦坡说："这位仁兄今年必当及第。"

费兄说："怎么知道的呢？"

我说："只有谦虚才能得到福佑。你看这十人中，有像丁宾这样恭谨温顺、诚恳忠实、不敢抢在人前的吗？有像丁宾这样恭敬顺从、小心翼翼、谦虚畏惧的吗？有像丁宾这样受到欺侮也不报复、听到诽谤也不争辩的吗？人能做到这样，即便是天地鬼神也都要保佑他，怎么有不发达的道理？"

等到开榜的时候，丁宾果然考中了进士。

【点评】

以天、地、鬼神之道来类比人之道，皆是要说明抑制自满、倾向谦逊的道理。这也体现古代天人合一、天人同构、效法自然的思想。谦逊使人理智清醒，自满则让人安逸沉溺，失去判断而导致过失和祸患。《道德经》中说："持而盈之，不如其已；揣而梲之，不可长保。金玉满堂，莫之能守；富贵而骄，自遗其咎。"

【原文】

丁丑在京，与冯开之同处，见其虚己①敛容，大变其幼年之习。李霁岩，直谅②益友，时面攻其非，但见其平怀顺受，未尝有一言相报。予告之曰："福有福始，祸有祸先，此心果谦，天必相之，兄今年决第矣。"已而果然。

赵裕峰光远，山东冠县人，童年举于乡，久不第。其父为嘉善三尹③，随之任。慕钱明吾，而执文见之。明吾悉抹其文，赵不惟不怒，且心服而速改焉。明年，遂登第。

壬辰岁，予入觐④，晤夏建所，见其人气虚意下，谦光逼人。归而告友人曰："凡天将发斯人也，未发其福，先发其慧。此慧一发，则浮者自实，肆者自敛。建所温良若此，天启之矣。"及开榜，果中式。

【注释】

①虚己：虚心。

②直谅：正直诚心。

③三尹：官名，指各级主官属下掌管文书的佐吏。

④入觐：地方官员朝见君主。

【译文】

丁丑年（1577）在京城，我与冯开之住在一处，看到他虚心正色，大大改变了幼年的习气。李霁岩是他的正直真诚的好朋友，有时当面指责他的错误，但只见冯开之平和接受，从不说一句反驳的话。我告诉他说："福分有福分的开始，祸患有祸患的开端。你内心果真谦虚的话，上天一定会相助的，兄台今年一定会及第。"之后他果然考中了。

赵裕峰，字光远，山东冠县人，少时考中乡试，后来却多年未考中进士。他的父亲任职嘉善三尹，他跟随父亲到任。他非常仰慕钱明吾，拿着自己的文章前去求见。钱明吾把他的文章都涂抹了，赵光远不仅不生气，还心悦诚服地迅速改好。第二年，他就登第了。

壬辰年（1592），我入朝觐见皇上，遇见夏建所，见到此人虚心待人，谦光照人。我回去便告诉朋友说："但凡上天将要使其发达的人，还没有降下福分之前，会先开启他的智慧。智慧一经开启，那么浮躁的自然会变踏实，放纵的自然会收敛。夏建所如此温厚纯良，是上天开启的结果啊。"等到开榜时，他果然及第了。

【点评】

了凡先生在此处列举了三个谦逊考生登科及第的故事，以阐明谦逊带来的福分。究其原理，谦逊并不能直接让人取得优异的成绩，谦逊其实是开启智慧的一种体现，并且由此能为自己带来更多启迪。只有开悟的人才懂得谦逊的必要性和价值，而人一旦谦虚恭谨，就会避开争执与祸端，也避免局限于一时的成绩，看似卑微低下，实则拥有更广远的胸怀来接纳更多信息，不至于受蒙蔽，所以智慧、才学、修养也会随之提升，这样的人不及第，还有什么人会及第呢？

【原文】

江阴张畏岩，积学工文，有声艺林①。甲午，南京乡试，寓一寺中，揭晓无名，大骂试官，以为眯目。时有一道者，在傍微笑，张遽移怒道者。道者曰："相公②文必不佳。"

张益怒曰："汝不见我文，乌知不佳？"

道者曰："闻作文，贵心气和平，今听公骂詈，不平甚矣，文安得工？"

张不觉屈服，因就而请教焉。

道者曰："中全要命；命不该中，文虽工，无益也。须自己做个转变。"

张曰："既是命，如何转变？"

道者曰："造命者天，立命者我；力行善事，广积阴德，何福不可求哉？"

张曰："我贫士，何能为？"

道者曰："善事阴功，皆由心造。常存此心，功德无量。且如谦虚一节，并不费钱，你如何不自反而骂试官乎？"

张由此折节③自持，善日加修，德日加厚。丁酉，梦至一高房，得试录一册，中多缺行。问旁人，曰："此今科试录。"

问："何多缺名？"

曰："科第阴间三年一考较，须积德无咎者，方有名。如前所缺，皆系旧该中式，因新有薄行④而去之者也。"后指一行云："汝三年来，持身颇慎，或当补此，幸自爱。"是科果中一百五名。

【注释】

①艺林：学界。

②相公：古代称读书人为相公。明、清科举考试进学成秀才的人，也被称为相公。

③折节：改变从前的志向行为。

④薄行：品行轻薄。

【译文】

江阴人张畏岩，学识渊博，善写文章，闻名学界。甲午年（1594），参加南京乡试，住在一座寺庙中，揭榜没有自己的名字，便大骂考官，认为他蒙蔽了双眼。这时有一道人在旁边微笑，张畏岩立刻把怒火转移到道人身上。道人说："你的文章一定不怎么样。"

张畏岩更加生气地说："你没看到我的文章，怎么知道不好？"

道人说："我听说，写文章贵在心平气和，如今听您出口谩骂，心气太不够平和了，文章怎么能好呢？"

张畏岩不觉间被折服了，于是便向道人请教。

道人说："考中与否全在于命运；命里不该考中，即便文章再好，也没有作用。必须自己做个转变。"

张畏岩说："既然是命运，怎么做转变？"

道人说："创造命运的是上天，掌管命运的却是自己；竭力做善事，多积累阴德，什么福分求不来呢？"

张畏岩说："我一个贫寒书生，能做什么呢？"

道人说："善事和阴德都是有心而生，常存善心便可功德无量。况且像谦虚这一品德，并不花费什么，你为什么不自我反省而去大骂考官呢？"

张畏岩从此改变了自己的志向和行为，开始自我克制，每天力行善事，功德日益深厚。丁酉年（1597），他梦见自己到了一处高大的房屋，得到一本考试录取的名册，中间有很多缺行。他问旁边的人，回答说："这是今年考试录取名册。"

张畏岩问："为什么缺了这么多名字？"

回答说："对科考阴间每隔三年考察一次，必须是积德没有过错的人，名字才会出现在录取册上，像前面所缺的，都是曾经本该考中，但由于最近品行轻薄才删掉的。"接着又指着一行说："你三年来，谨慎修持，或许可以填补此处空缺，希望你自重自爱。"张畏岩这一科果然考中第一百零五名。

【点评】

张畏岩受道人开悟的故事，与了凡先生年轻时拜访云谷禅师所得到的启示非常类似。"造命者天，立命者我"，而立命则在于修身，改正过失，完善内心。其实并不是所积累的阴德带来了命运的转机，而是当一个人修持到一定境界，他便有足够的能力争取到机遇，他所拥有的成就并非来自命运的眷顾，而是缘于他不断完善的资质与品行。

【原文】

由此观之，举头三尺，决有神明；趋吉避凶，断然由我。须使我存心制行，毫不得罪于天地鬼神，而虚心屈己，使天地鬼神时时怜我，方有受福之基。彼气盈者，必非远器①，纵发亦无受用。稍有识见之士，必不忍自狭其量，而自拒其福也。况谦则受教有地，而取善无穷，尤修业者所必不可少者也。

【注释】

①远器：有才能、有气度、能担当大事的人。

【译文】

由此看来，举头三尺，必有神明；但是趋吉避凶，却完全取决于自己。必须使自己心存善念，克制行为，丝毫不触犯天地鬼神，从而虚心收敛自己，使天地鬼神时常怜悯于我，才能有得到福分的基础。那些气盛自满的人，一定不是能担当大事之人，纵然发达了也不会受用。稍微有见识的人，一定不会忍受自己气量狭小，从而拒绝福分。何况谦虚则有空间接受教诲，从而受益无穷，这尤其是修习学业的人所不可缺少的。

【点评】

一个人的命运取决于诸多因素，对外有社会环境，对内则是自身修为。那些发达了也不感到幸福的人，或许就不该抱怨外部因素，而要反躬自省，多多改进自己了。再比如说世上多招摇撞骗之人，确实可恶，可为什么他们能横行于世，或者说为什么被卷入纠纷、遭遇骗局的总是你？必定是你身上有什么缺点让祸乱有机可乘。所以，这是一种考察问题的角度，认识到这一点才能着手掌握自己的命运。

【原文】

古语云："有志于功名者，必得功名；有志于富贵者，必得富贵。"人之有志，如树之有根，立定此志，须念念谦虚，尘尘①方便，自然感动天地，而造福由我。

今之求登科第者，初未尝有真志，不过一时意兴耳；兴到则求，兴阑②则止。

孟子曰："王之好乐甚，齐其庶几③乎？"予于科名亦然。

【注释】

①尘尘：佛教用语。犹言世界。

②兴阑：兴尽。

③庶几：差不多。

【译文】

古语说："有志于功名的人，必然会取得功名；有志于富贵的人，必然会取得富贵。"人有志向，就像树有根系，立定这个志向，就必须念念不忘谦虚，处处与人方便，就自然能感动天地，由自己创造福分。

如今那些求取科举功名的人，最初不曾有真正的志向，只不过是出于一时的兴致罢了；兴致到了就求取，兴致尽了就停下。

孟子说："大王如果真的很喜欢音乐，那么齐国也就治理得差不多了。"我对于科举功名也是这样看的。

【点评】

孟子这句话出自《孟子·梁惠王下》。齐宣王喜好音乐，询问孟子对此的看法，于是孟子就说了这句"王之好乐甚，齐其庶几乎"。意思是，独乐乐不如众乐乐，如果大王真的喜欢音乐，就不会只顾一己之私，而能将个人爱好的快乐扩及全国百姓，使他们也得到快乐，做到与民同乐就能得到民众的爱戴和拥护。同理，如果把个人求取功名的私心转化为奉献于天下苍生的胸怀，那么对他追求功名会有很好的帮助。

附录

庭训格言

序

【原文】

钦惟^①皇考圣祖仁皇帝，性秉生安，道参化育，临御悠久，宇宙清宁六十载，圣德神功超越万古。凡为史臣所记注、黎献^②所睹闻者，固已备编于《实录》《宝训》，珍藏于金匮琅函^③。乔乔皇皇^④，盛矣，大矣！

朕曩者^⑤偕诸昆弟侍奉宫庭，亲承色笑。每当视膳问安之暇，天颜怡悦，倍切恩勤，提命谆详，巨细悉举。其大者如对越^⑥天祖之精诚，侍养两宫之纯孝，主敬存诚^⑦之奥义，任人敷政^⑧之宏献^⑨，慎刑重谷之深仁，行师治河之上略，图书经史、礼乐文章之渊博，天象地舆、历律步算之精深，以及治内治外、养性养身、御射、方药诸家百氏之论说，莫不随时示训，遇事立言，字字切于身心，语语垂为模范。盖由我皇考质本生知^⑩，而加以好学；圣由天纵，而益以多能。举天地间万事万物之理融会贯通，以其得之于心者宣为至教^⑪。视听言动，悉合经常^⑫；饮食起居，咸成规度。而圣慈笃挚，启迪周详，涵育薰陶，循循善诱。朕四十年来祗^⑬聆默识，夙夜凛遵，仰荷缵承^⑭，益图继述。追思畴昔^⑮天伦之乐，缅怀叮咛告戒之言，既历历以在心，尚洋洋其盈耳。谨与诚亲王允祉等记录各条，萃会成编，恭名为《庭训格言》。

於戏！圣谟^⑯弘远，包涵无际，以今所记，揆^⑰昔所闻，仅存什一于千百，阙略甚多，实深愧悚^⑱。然而，是编也，文辞精要，意旨深长，苟能引伸而扩充之，则片言能含众义，只字可括千言。虽卷帙简约，而格致^⑲诚正，修齐治平之道，罔弗兼该^⑳。尧舜禹汤、文武周孔之传，一以贯之矣。爰^㉑奉秘集寿之琬琰^㉒，以昭垂于亿万世。《书》曰："监于先王成宪，其永无愆^㉓。"《诗》曰："诒厥孙谋，以燕翼子^㉔。"勖^㉕哉！后嗣格循祖训，念兹罔致^㉖，受益靡穷。世世子孙，尚其永久敬承哉！谨序。

雍正八年四月初一日御笔

【注释】

①钦惟：发语词，相当于"敬思"。

②黎献：黎民中的贤者。

③金匮琅函：指藏书之处。金匮，铜制的柜子，古时用于收藏文献或文物。琅函，书匣的美称。

④禹禹（yù yù）皇皇：书面古语，形容繁荣昌盛、富丽堂皇、恢宏大气。禹禹，明盛的样子。皇皇，昭著的样子。

⑤曩（nǎng）者：从前，以往。

⑥对越：答谢颂扬。

⑦主敬存诚：恪守诚敬。

⑧敷政：施政，施行教化。

⑨宏猷（yóu）：远大谋略，宏伟计划。

⑩本生知：不待学而知之。

⑪至教：最好的教诲。

⑫经常：常道，常法。

⑬祗（zhǐ）：敬。

⑭仰荷缵（zuǎn）承：敬领继承。缵，继承。

⑮畴昔：往日，从前。

⑯圣谟（mó）：语出《书·伊训》："圣谟洋洋，嘉言孔彰。"本谓圣人治天下的宏图大略。后亦为称颂帝王谋略之词。谟，计谋，策略。

⑰揆（kuí）：揣测。

⑱愧悚：惭愧惶恐。

⑲格致：即"格物致知"，穷究事物的原理，从而总结为理性的知识。

⑳罔弗兼该：没有不包括的。该，包括。

㉑爰（yuán）：于是。

㉒琬琰（yǎn）：碑石的美称。

㉓愆：过失。

㉔诒厥孙谋，以燕翼子：出自《诗经·大雅·文王有声》，意为留下治国策略，庇护子孙成长。诒，通"贻"，遗留。厥，其。孙，通"逊"，安顺。燕，安。翼，帮助。

㉕勖（xù）：勉励。

㉖罔致（yì）：不要厌倦。致，厌倦，懈怠。

【原文】

训曰：元旦乃履端①令节②，生日为载诞③昌期④，皆系喜庆之辰，宜心平气和，言语吉祥。所以朕于此等日必欣悦以酬令节。

【注释】

①履端：一年之始。

②令节：佳节。

③载诞：记载生日。

④昌期：好日子。

【原文】

训曰：吾人凡事惟当以诚，而无务虚名。朕自幼登极，凡祀坛①庙②、礼神佛，必以诚敬存心。即理事务，对诸大臣，总以实心相待，不务虚名。故朕所行事，一出于真诚，无纤毫虚饰。

【注释】

①坛：指天坛、地坛等祭祀天地鬼神的场所。

②庙：指祖庙及诸神庙。

【原文】

训曰：凡人于事务之来，无论大小，必审之又审，方无遗虑①。故孔子云："不曰'如之何，如之何'者，吾末如之何也已矣②！"诚至言③也。

【注释】

①遗虑：余念，其他想法。

②吾末如之何也已矣：对这种人，我真不知道该怎么办了。末，无。

③至言：极其高明的言论。

【原文】

训曰：人君以天下之耳目为耳目，以天下之心思为心思，何患闻见①之不广？舜惟好问好察，故能明四目②、达四聪③，所以称"大智"也。

【注释】

①闻见：听到和看见。

②四目：能观察四方的视觉。

③四聪：能远闻四方的听觉。

【原文】

训曰：凡天下事不可轻忽，虽至微至易者，皆当以慎重处之。慎重者，敬也。当无事时，敬以自持；而有事时，即敬以应事。务必谨终如始，慎修思永，习以安焉，自无废事。盖敬以存心，则心体湛然①居中，即如主人在家，自能整饬家务。此古人所谓"敬以直内"也。《礼记》篇首以"毋不敬"冠之，圣人一言，至理备焉。

【注释】

①湛然：安然的样子。

【原文】

训曰：为人上者，用人虽宜信，然亦不可遽①信。在下者常视上意所向而巧以投之，一有偏好，则下必投其所好以诱之。朕于诸艺无所不能，尔等曾见我偏好一艺乎？是以凡艺俱不能溺②我。

【注释】

①遽：仓促，匆忙。

②溺：使沉湎，使沉迷。

【原文】

训曰：凡看书，不为书所愚始善。即所如董子①所云"风不鸣条，雨不破块，谓之升平世界"，果使风不鸣条，则万物何以鼓动②发生？雨不破块，则田亩如何耕作布种？以此观之，俱系粉饰空文而已。似此者，皆不可信以为真也。

【注释】

①董子：董仲舒（前179—前104），西汉思想家，儒学家，后世儒者尊称他为董子。引语三句见董仲舒《雨雹对》："太平之世，则风不鸣条，开甲散萌而已；雨不破块，润叶浸茎而已。"意为太平盛世都是和风细雨，风不会吹得枝条作响，只是吹开外壳使植物得以萌芽而已；雨也不会下大而浇开了田中土块，只是滋润了植物的茎叶而已。

②鼓动：这里指激发。

【原文】

　　训曰：朕八岁登极，即只黾勉①学问。彼时教我句读②者，有张、林二内侍，俱系明时多读书人。其教书惟以经书为要。至于诗文，则在其后。及至十七八，更笃于学。逐日未理事前，五更即起诵读。日暮理事稍暇，复讲论琢磨，竟至过劳，痰中带血，亦未少辍。朕少年好学如此。更耽好笔墨，在翰林沈荃，素学明时董其昌③字体，曾教我书法。张、林二内侍俱及见明时善于书法之人，亦常指示。故朕之书法有异于寻常人者以此。

【注释】

　　①黾（mǐn）勉：努力，勉励。

　　②句读（dòu）：古代文章中休止和停顿的地方，今分别以句号和逗号表示。此处指书中断句，因古书没有标点。

　　③董其昌（1555—1636）：明代著名书画家。

【原文】

　　训曰：节饮食，慎起居①，实却病之良方。

【注释】

　　①起居：作息，举止。指日常生活。

【原文】

　　训曰：凡人修身治性，皆当谨于素日①。朕于六月大暑之时，不用扇，不除冠，此皆平日不自放纵而能也。

【注释】

①素日：平日，平素。

【原文】

训曰：汝等见朕于夏月盛暑不开窗、不纳风凉者，皆因自幼习惯，亦由心静，故身不热，此正古人所谓"但能心静即身凉"也。且夏月不贪风凉，于身亦大有益。盖夏月盛阴在内，倘取一时风凉之适意，反将暑热闭于腠理①，彼时不觉其害，后来或致成疾。每见人秋深多有肚腹不调者，皆因外贪风凉而内闭暑热之所致也。

【注释】

①腠（còu）理：中医指皮肤等的纹理和皮下肌肉的空隙，为渗泄及气血流通灌注之处。

【原文】

训曰：凡人养生之道，无过于圣人所留之经书。故朕惟训汝等熟习五经四书性理①，诚以其中凡存心养性、立命之道，无所不具故也。看此等书，不胜于习各种杂学乎？

【注释】

①性理：生命之原理和规律。

【原文】

训曰：《书经》者，虞、夏、商、周治天下之大法也。

《书传·序》云:"二帝三王之治本于道,二帝三王之道本于心。得其心,则道与治固可得而言之矣。盖道心为人心之主,而心法为治法之原。精一执中①者,尧、舜、禹相授之心法也。建中建极②者,商汤、周武相传之心法也。德也,仁也,敬与诚也。言虽殊而理则一,所以明此心之微妙也。"帝王之家所必当讲读,故朕训教汝曹③,皆令诵习。然《书》虽以道政事,而上而天道,下而地理,中而人事,无不备于其间,实所谓贯三才而亘万古者也。言乎天道,《虞书》之治历明时④可验也;言乎地理,《禹贡》之山川田赋可考也;言乎君道,则典谟训诰⑤之微言可详也;言乎臣道,则都俞吁咈⑥、告诫敷陈⑦之忠诚可见也;言乎理数,则箕子《洪范》之九畴⑧可叙也;言乎修德立功,则六府三事、礼乐兵农历历可举也。然则帝王之家,固必当讲读;即仕宦人家,有志于事君治民之责者,亦必当讲读。孟子曰:"欲为君,尽君道;欲为臣,尽臣道。二者皆法尧舜而已矣。"在大贤希圣⑨之心,言必称尧、舜。朕则兢业自勉,惟思体诸身心,措诸政治,勿负乎天佑下民、作君作师之意已耳。

【注释】

①精一执中:精心真诚地坚持中庸之道。

②建中建极:建立中正之道。

③汝曹:你们。

④治历明时:制定历法,阐明四时。

⑤典谟训诰:《尚书》的四种文体。记载法则、典章制度的称

典，记载君臣讨论政事的称谟，臣对君的劝谏称训，君对臣的讲话称诰。如《尧典》《大禹谟》《伊训》《汤诰》。

⑥都俞吁咈：皆是《尚书》中君臣对话中的语气词。"都"表示赞美的语气，"俞"表示君同意臣下意见的语气，"吁"表示感叹的语气，"咈"表示君不同意臣下意见的语气。此处以这几个语气词代指君臣之间讨论政事的记载。

⑦敷陈：详尽地陈述。

⑧九畴：传说中上帝赐给禹治理天下的九类大法。畴，类。

⑨希圣：希望达到圣人的境界。

【原文】

训曰：子曰："鬼神之为德，其盛矣乎！""使天下之人齐明①盛服以承祭祀，洋洋乎如在其上，如在其左右。"盖明有礼乐，幽有鬼神。然敬鬼神之心，非为祸福之故，乃所以全吾身之正气也。是故君子修德之功，莫大于主敬。内主于敬，则非僻②之心无自而动，外主于敬，则惰慢之气无自而生。念念敬，斯念念正；时时敬，斯时时正；事事敬，斯事事正。君子无在而不敬，故无在而不正。《诗》曰："明明在下，赫赫在上。""维此文王，小心翼翼，昭事上帝，聿怀多福③。"其斯之谓与？

【注释】

①齐明：在祭祀前斋戒沐浴，静心洁身。齐，通"斋"。明，洁净。

②非僻：邪恶。

③聿怀多福：笃念更多福分。聿，语助词。

【原文】

训曰：凡理大小事务，皆当一体①留心。古人所谓防微杜渐②者，以事虽小而不防之，则必渐大。渐而不杜，必至于不可杜也。

【注释】

①一体：一律，一样。

②防微杜渐：防备祸患的萌芽，杜绝祸乱的开端。杜，杜绝。渐，指事物发展的开端。

【原文】

训曰：仁者以万物为一体，恻隐之心，触处①发现，故极其量，则民胞物与②，无所不周③。语其心则慈祥、恺悌④，随感而应。凡有利于人者则为之，凡有不利于人者则去之。事无大小，心自无穷。尽我心力，随分各得也。

【注释】

①触处：到处，随处。

②民胞物与：语出宋张载《西铭》："民吾同胞，物吾与也。"意为世人都是我的同胞，万物都是我的同辈。

③周：遍。

④恺悌（kǎi tì）：和乐平易。

【原文】

训曰：仁者无不爱。凡爱人爱物，皆爱也。故其所感甚深，所及甚广。在上则人咸戴^①焉，在下则人咸亲焉。己逸而必念人之劳，己安则必思人之苦。万物一体，恫瘝^②切身，斯为德之盛，仁之至。

【注释】

①戴：拥戴。

②恫瘝（tōng guān）：病痛，疾苦。

【原文】

训曰：凡人孰能无过？但人有过多不自任为过^①。朕则不然，于闲言中偶有遗忘而误怪他人者，必自任其过，而曰："此朕之误也。"惟其如此，使令人等^②竟至为所感动而自觉不安者有之。大凡能自任过者，大人^③居多也。

【注释】

①自任为过：自觉承担造成过错的责任。

②使令人等：供其使唤指令的人，指身边的杂役、宫女、内侍之类。

③大人：指德行高尚的人。

【原文】

训曰：《虞书》云："宥过无大^①。"孔子云："过而不改，是谓过矣。"凡人孰能无过？若过而能改，即自新迁善之机。故人以改过为贵。其实能改过者，无论所犯事之大小，皆不当罪之也。

【注释】

①宥过无大：无意犯的错误，虽大也一定宽免；故意犯的错误，虽小也要处以刑罚。宥，宽恕。

【原文】

训曰：曩者三逆①未叛之先，朕与议政诸王大臣议迁藩之事，内中有言当迁者，有言不可迁者。然再当日之势，迁之亦叛，即不迁亦叛，遂定迁藩之议。三逆既叛，大学士索额图奏曰："前议三藩当迁者皆宜正以国法。"朕曰："不可。廷议之时，言三藩当迁者，朕实主之，今事至此，岂可归过于他人？"时在廷诸臣，一闻朕旨，莫不感激涕零，心悦诚服。朕从来诸事，不肯委罪于人，矧②军国大事，而肯卸过于诸大臣乎？

【注释】

①三逆：指清初拥兵叛乱的吴三桂、尚可喜、耿精忠三人。
②矧（shěn）：何况，况且。

【原文】

训曰：尔等凡居家在外，惟宜洁净。人平日洁净，则清气著①身；若近污秽，则为浊气所染，而清明之气渐为所蒙蔽矣。

【注释】

①著：着，附着。

【原文】

训曰：朕幼年习射，耆旧①人教射者断不以朕射为善，诸人皆称曰"善"，彼独以为否，故朕能骑射精熟。尔等皆不可被虚意承顺、赞美之言所欺。诸凡学问皆应以此存心可也。

【注释】

①耆（qí）旧：年高望重者。

【原文】

训曰：人多强不知以为知①，乃大非善事，是故孔子云："知之为知之，不知为不知。"朕自幼即如此，每见高年人，必问其已往经历之事，而切记于心。决不自以为知，而不访于人也。

【注释】

①强不知以为知：自己不知道而硬要说知道。

【原文】

训曰：人心虚则所学进，盈①则所学退。朕生性好问，虽极粗鄙之夫，彼亦有中理之言，朕于此等决不遗弃，必搜其源而切记之，并不以为自知、自能，而弃人之善也。

【注释】

①盈：自满。

【原文】

训曰：朕自幼读书，间有一字未明，必加寻绎①，务至明惬于心②而后已。不特读书为然，治天下国家亦不外是也。

【注释】

①寻绎：推求，探索。
②惬于心：心中感到愉快。惬，快心，满意。

【原文】

训曰：读古人书，当审其大义之所在，所谓一以贯之①也。若其字句之间，即古人亦互有异同，不必指摘②辩驳，以自伸一偏之说。

【注释】

①一以贯之：语出《论语·卫灵公》。用一个基本观念把知识贯穿起来。
②指摘：挑出错误。

【原文】

训曰：读书以明理为要。理既明则中心有主，而是非邪正自判矣。遇有疑难事，但据理直行，得失俱可无愧。《书》云："学于古训①乃有获。"凡圣贤经书，一言一事，俱有至理。读书时便宜留心体会，此可以为我法，此可以为我戒。久久贯通，则事至物来，随感即应，而不待思索矣。

【注释】

①古训：先王留下的典籍。

【原文】

训曰：《易》云："日新①之谓盛德。"学者一日必进一步，方不虚度时日。大凡世间一技一艺，其始学也，不胜其难，似万不可成者，因置而不学，则终无成矣。所以初学贵有决定不移之志，又贵有勇猛精进②之心，尤贵有贞常永固不退转之念。人苟能有决定不移之志，勇猛精进，而又贞常永固毫不退转，则凡技艺焉有不成者哉？

【注释】

①日新：每天更新，每天都有新的进步。

②勇猛精进：佛教用语，指僧徒奋勉修行，此处借指勤奋学习，力求进步。

【原文】

训曰：子曰："吾十有五而有志于学。"圣人一生，只在"志学"一言，又实能"学而不厌"，此圣人之所以为圣也。千古圣贤，与我同类人，何为甘于自弃而不学？苟志于学，希贤希圣，孰能御①之？是故志学乃作圣之第一义也。

【注释】

①御：阻止。

【原文】

训曰：子曰："志于道。"夫志者，心之用也。性无不善，故心无不正。而其用则有正、不正之分，此不可不察也。夫子以天纵之圣，犹必十五而志于学，盖学为进德之基，昔圣昔贤莫不发轫①乎此。志之所趋，无远弗届②；志之所向，无坚不入。志于道则义理为之主，而物欲不能移，由是而据于德，而依于仁，而游于艺，自不失其先后之序，轻重之伦，本末兼该，内外交养，涵泳从容③，不自知其入于圣贤之域矣。

【注释】

①发轫：起步，开端。轫，刹车木，行车必须先去轫，故称事物的开端为发轫。
②无远弗届：不管多远的地方，没有不到的。届，到。
③涵泳从容：沉浸其中慢慢体会。

【原文】

训曰：凡人尽孝道，欲得父母之欢心者，不在衣食之奉养也。惟持善心，行合道理，以慰父母而得其欢心，斯可谓真孝者矣。

【原文】

训曰：《孝经》一书，曲尽人子事亲之道，为万世人伦之极，诚可谓"天之经，地之义，民之行"也。推原孔子所以作经之意，盖深望夫后之儒者身体力行，以助宣教化而敦厚风俗。其旨甚远，其功甚宏，学者自当留心诵习，服膺[①]弗失可也。

【注释】

①服膺：衷心信服，铭记在心。

【原文】

训曰：为臣、子者，果能体贴君、亲之心，凡事一出于至诚，未有不得君、亲之欢心者。昔日太皇太后驾诣[①]五台山，因山路难行，乘车不稳，朕命备八人暖轿。太皇太后天性仁慈，念及校尉请轿，步履维艰，因欲易车。朕劝请再三，圣意不允。朕不得已，命轿近随车行。行不数里，朕见圣躬[②]乘车不甚安稳，因请乘轿，圣祖母云："予已易车矣，未知轿哉何处？焉得即至？"朕奏曰："轿即在后随。"令进前。圣祖母喜极，拊朕之背，称赞不已，曰：

"车轿细事，且道途之间，汝诚意无不恳到③，实为大孝。"
盖深惬圣怀，而降是欢爱之旨也。可见凡为臣、子者，诚
敬存心，实心体贴，未有不得君、亲之欢心者也。

【注释】

①驾诣：驾临，造访。诣，到，去。

②圣躬：圣体，指太皇太后。

③恳到：恳切。

【原文】

训曰：朕为天下君，何求而不可得？现今朕之衣服有
多年者，并无纤毫之玷①，里衣亦不至少污，虽经月服之，
亦无汗迹。此朕天秉②之洁净也。若在下之人能如此，则
凡衣服不可以长久服之乎？

【注释】

①玷：污点，斑点。

②天秉：天赋，天生。

【原文】

训曰：老子曰："知足者富。"又曰："知足不辱，知止
不殆，可以长久。"奈何世人衣不过被体，而衣千金之裘
犹以为不足，不知鹑衣缊袍①者，固自若也；食不过充肠，
罗万钱之食犹以为不足，不知箪食瓢饮②者，固自乐也。
朕念及于此，恒自知足。虽贵为天子，而衣服不过适体。

富有四海，而每日常膳，除赏赐外，所用肴馔，从不兼味③。此非朕勉强为之，实由天性自然。汝等见朕如此俭德，其共勉之。

【注释】

①鹑衣缊袍：指贫士的衣服。鹑衣，像鹌鹑的秃尾巴一样破旧褴褛的衣服。缊袍，以乱麻、乱棉絮成的袍子。

②箪食瓢饮：用箪盛吃饭，用瓢舀水喝，形容生活贫苦。箪，盛饭的竹器。

③兼味：两种以上的菜肴。

【原文】

训曰：尝闻明代宫闱之中食御①浩繁，掖庭②宫人几至数千，小有营建，动费巨万。今以我朝各宫计之，尚不及当日妃嫔一宫之数。我朝外廷③军国之需，与明代略相仿佛。至于宫闱中服用，则一年之用，尚不及当日一月之多。盖深念民力惟艰，国储至重，祖宗相传家法，勤俭敦朴为风。古人有言："以一人治天下，不以天下奉一人。"以此为训，不敢过也。

【注释】

①食御：食膳御用。

②掖庭：宫中的旁舍，妃嫔住的地方，此处指宫中。

③外廷：即外朝，相对于内宫而言。

【原文】

训曰：冠帽乃元服^①，最尊。今或有下贱无知之人，将冠帽置之靴袜一处，最不合礼。满洲从来旧规，亦最忌此。

【注释】

①元服：元，首、头。冠帽为头所戴的，故称元服。

【原文】

训曰：如朕为人上者，欲法令之行，惟身先之而人自从。即如吃烟一节，虽不甚关系，然火烛^①之起，多由于此，故朕时时禁止。然朕非不会吃烟，幼时在养母家，颇善于吃烟。今禁人而己用之，将何以服人？因而永不用也。

【注释】

①火烛：对火灾避讳的说法。

【原文】

训曰：有子^①曰："礼之用，和为贵。先王之道，斯为美。小大由之，有所不行。知和而和，不以礼节之，亦不可行也。"盖礼以严分，而和以通情。分严则尊卑贵贱不逾，情通则是非利害易达。齐家、治国、平天下，何一不由于斯？

①有子：姓有，名若，字子有，孔子的弟子。《论语》中记载孔子的弟子一般称字，只有有若和曾参称"子"，说明他们在孔门弟子中有特殊地位。

【原文】

训曰：学问无他，惟在存天理、去人欲而已。天理乃本然之善，有生之初，天之所赋畀①也。人欲是有生之后，因气秉之偏，动于物，纵于情，乃人之所为，非人之固有也。是故闲邪②存诚，所以持养天理，堤防人欲；省察克治③，虽以辨明天理，决去人欲。若能操存涵养，愈精愈密，则天理常存，而物欲尽去矣。

【注释】

①赋畀（bì）：给予，特指天赋的权利。

②闲邪：防止邪恶。

③省察克治：语出明代王阳明《传习录》："省察克治之功，则无时而可闲。"指不断地自我反省、检查，克制、约束私欲邪念。

【原文】

训曰：曩者三孽作乱①，朕料理军务，日昃不遑②，持心坚定，而外则示以暇豫③，每日出游景山骑射。彼时满洲兵俱已出征，余者尽系老弱，遂有不法之人投贴于景山路旁，云："今三孽及察哈尔叛乱，诸路征讨，当此危殆之时，何心每日出游景山？"如此造言生事，朕置若罔闻。不久三孽及察哈尔俱已剿灭。当时朕若稍有疑惧之意，则人心摇动，或致意外，未可知也。此皆上天垂佑，祖宗神明加护，令朕坚心筹画，成此大功，国已至甚危而获复安也。自古帝王如朕自幼阅历艰难者甚少，今海内承平，回思前者数年之间如何阅历，转觉悚然可惧矣。古人云："居安思危。"正此之谓也。

【注释】

①三孽作乱：即三藩之乱。

②日昃（zè）不遑：太阳西斜也没有时间休息。昃，太阳偏西。遑，闲暇。

③暇豫：闲暇逸乐。

【原文】

训曰：今天下承平，朕犹时刻不倦，勤修政事。前三孽作乱时，因朕主见专诚，以致成功。惟大兵永兴被困之际，至信息不通，朕心忧之，现于词色。一日，议政王大臣入内议军旅事，奏毕，金①出，有都统毕立克图独留，向朕云："臣观陛下，近日天颜稍有忧色。上试思之，我朝满洲兵将若五百人合队，谁能抵敌？不日永兴之师捷音必至。陛下独不观乎太祖、太宗乎？为军旅之事，臣未见眉颦一次。皇上若如此，则懦怯不及祖宗矣。何必以此为忧也？"朕甚是之。不日永兴捷音果至。所以朕从不敢轻量人②，谓其无知。凡人各有识见。常与诸大臣言，但有所知所见，即以奏闻，言合乎理，朕即嘉纳^③。都统毕力克图^④，汉仗好^⑤，且极其诚实人也。

【注释】

①佥（qiān）：全，都。

②量人：衡量人能力的大小。

③嘉纳：赞赏并采纳。

④都统毕力克图：八旗的最高统领毕力克图。毕力克图，人名。

⑤汉仗好：指体貌雄伟，仪表堂堂。

【原文】

训曰：大雨雷霆之际，决毋立于大树下。昔老年人时时告诫，朕亲眼常见^①。汝等记之。

【注释】

①亲眼常见：实指亲耳听过。常，尝，曾经。

【原文】

训曰：世人皆好逸而恶劳，朕心则谓人恒劳而知逸。若安于逸则不惟不知逸，而遇劳即不能堪矣。故《易》有云："天行健，君子以自强不息。"由是观之，圣人以劳为福，以逸为祸矣。

【原文】

训曰：世人秉性，何等无之？有一等拗性^①人，人以为好者，彼以为不好；人以为是者，彼反以为非。此等人似乎忠直，如或用之，必然偾事②。故古人云"好人之所恶，恶人之所好，是谓拂③人之性，灾必逮夫身"者，此等人之谓也。

【注释】

①拗性：性情固执。

②偾（fèn）事：把事情搞坏。

③拂：违背，违逆。

【原文】

训曰：古人有言："反经①合理谓之权②。"先儒亦有论其非者。盖天下止有一经常不易之理，时有推迁③，世有变易，随时斟酌，权衡轻重，而不失其经，此即所谓权也。岂有反经而谓之行权④者乎？

【注释】

①反经：不循常规。

②权：权宜，变通。

③推迁：推移变迁。

④行权：权宜行事。

【原文】

训曰：大凡贵人皆能久坐。朕自幼年登极以至于今日，与诸臣议论政事，或与文臣讲论书史，即与尔等家庭闲暇谈笑，率皆俨然①端坐，此乃朕躬自幼习成、素日涵养之所致。孔子云："少成若天性，习惯如自然。"其信然乎！

【注释】

①俨然：矜持庄重的样子。

【原文】

训曰：出外行走，驻营之处最为紧要，若夏秋间雨水可虑，必觅高原，凡近河湾及洼下之地断不可住。冬春则火荒可虑，但觅草稀背风处，若不得已而遇草深之处，必于营外周围将草刈除①，然后可住。再有，人先曾止宿之旧基不可住，或我去时立营之处，回途至此亦不可再住。如是之类，我朝旧例，皆为大忌。

【注释】

①刈（yì）除：割除。

【原文】

训曰：走远路之人，行数十里马即出汗，断不可饮之水。秋季犹可，春时虽无汗亦不可令饮。若饮之，其马必得残疾。汝等切记。

【原文】

训曰：天道好生。人一心行善，则福履①自至。观我朝及古行兵之王公大臣，内中颇有建功立业，而行军时曾多杀人者，其子孙必不昌盛，渐至衰败。由是观之，仁者诚为人之本钦！

【注释】

①福履：福禄。

【原文】

训曰：凡人处世，惟当常寻欢喜，欢喜处自有一番吉祥景象。盖喜则动善念，怒则动恶念。是故古语云："人生一善念，善虽未为而吉神已随之；人生一恶念，恶虽未为而凶神已随之。"此诚至理也夫！

【原文】

训曰：人心一念之微，不在天理便在人欲，是故心存私便是放①，不必逐物驰骛②然后为放也。心一放便是私，不待纵情肆欲然后为私也。惟心不为耳目口鼻所役，始得泰然。故孟子曰："耳目之官③不思而蔽于物，物交物，则引之而已矣；心之官则思，思则得之，不思则不得之也。此天之所以与我者。先立乎其大者，则其小者不能夺也。此为大人而已矣。"

【注释】

①放：丧失，丢弃，指丢弃了本然的善心。
②逐物驰骛：为外物奔走。骛，乱跑，奔驰。
③官：器官。

【原文】

训曰:《大学》《中庸》俱以"慎独"为训,是为圣第一要节,后人广其说,曰"暗室不欺"。所谓暗室有二义焉:一在私居独处之时,一在心曲隐微之地。夫私居独处,则人不及见;心曲隐微,则人不及知。惟君子谓此时,指视必严①也,战战栗栗,兢兢业业,不动而敬,不言而信②,斯诚不愧于屋漏③,而为正人也夫!

【注释】

①指视必严:用手指着看,每一处都要严正。

②不言而信:不必说明就能取信于人。

③屋漏:古代室内西北角安藏神主并遮以小帐的地方,为人所不见,因其上有天窗,日光由此照射入室,故称屋漏。

【原文】

训曰:为人上者,教子必自幼严饬①之始善。看来有一等王公之子,幼失父母,或人惟有一子,爱恤②过甚,其家中仆人,多方引诱,百计奉承。若如此娇养,长大成人,不至痴呆无知,即多任性狂恶。此非爱之而反害之也?汝等各宜留心。

【注释】

①严饬:严格教导。

②爱恤:爱护,顾惜。

【原文】

训曰：人之才行，当分辨其大小。在大位者称其清廉可矣，若使役人等，亦可加以清廉之名乎？朕曾于护军骁骑①中问其人如何，而侍卫有以"端密②"对者。军卒人等，岂堪当此？"端密"乃居大位者之美称，军卒止可言其朴实耳。

【注释】

①骁骑：勇猛的骑兵。骁，勇猛、勇健。
②端密：形容为人端正而安静。

【原文】

训曰：尔等平日当时常拘管下人，莫令妄干外事。留心敬慎为善，断不可听信下贱小人之语。彼小人遇便宜处但顾利己，不恤①恶名归于尔等也。一时不谨，可乎？

【注释】

①恤：顾虑。

【原文】

训曰：凡人存善念，天必绥①之福禄以善报之。今人日持念珠念佛，欲行善之故也。苟恶念不除，即持念珠何益？

【注释】

①绥：安抚。

【原文】

训曰：近世之人以不食肉为持斋①，岂知古人之斋必与戒并行。《易·系辞》曰："斋戒以神明其德。"所谓斋者，齐也，齐其心之所不齐也；所谓戒者，戒其非心妄念也。古人无一日不斋，无一日不戒，而今之人以每月之某日某日持斋②，已与古人有间③。然持斋固为善事，可以感发人之善念，第④不知其戒心何如耳。

【注释】

①持斋：佛教习俗，指遵守佛教素食的戒律。

②每月之某日某日持斋：佛教在家信徒有所谓四日戒、六日戒、十日戒。四日戒是每月初一、初八、十五、二十三持戒；六日戒是每月初八、十四、十五、二十三、二十九、三十持戒；十日戒是六日戒加上初一、十八、二十四、二十八持戒。

③有间：有差别，不同。

④第：但，只是。

【原文】

训曰：世上人心不一，有一种人不记人之善，专记人之恶，视人有丑恶事转以为快乐，如自得奇物者然。此等幸灾乐祸之人，不知其心之何以生，而怪异如是也。汝等当以此为戒。

训曰：国初人多畏出痘①，至朕得种痘方，诸子女及尔等子女皆以种痘得无恙，今边外②四十九旗及喀尔喀诸藩俱命种痘，凡所种皆得善愈。尝记初种时，年老人尚以为怪，朕坚志为之，遂全此千万人之生者，岂偶然耶？

【注释】

①痘：一种传染病，即天花。

②边外：边远地区。

【原文】

训曰：人惟一心，起为念虑。念虑之正与不正，只在顷刻之间。若一念之不正，顷刻而知之，即从而正之，自不至离道之远。《书》曰："惟圣罔念作狂，惟狂克念作圣①。"一念之微，静以存之，动则察之，必使俯仰无愧②，方是实在工夫。是故古人治心，防于念之初生、情之未起，所以用力甚微而收功甚巨也。

【注释】

①惟圣罔念作狂，惟狂克念作圣：语出《尚书·多方》，意思是圣人不念于善则为狂人，狂人能念于善则为圣人。罔，无。克，能够。

②俯仰无愧：《孟子·尽心上》："仰不愧于天，俯不怍于人。"指对天对人都没有可惭愧的地方。

【原文】

训曰：人之为圣贤者，非生而然也，盖有积累之功焉。由有恒①而至于善人，由善人而至于君子，由君子而至于圣人，阶次之分，视乎学力之浅深。孟子曰："夫仁亦在乎熟之而已矣。"积德累功者亦当求其熟也。是故有志为善者，始则充长之，继则保全之，终身不敢退，然后有日增月益之效。故至诚无息，不息则久，久则征②，征则悠远，悠远则博厚，博厚则高明。其功用岂可量哉？

【注释】

①有恒：有恒常不变之心。

②征：证明，验证。

【原文】

训曰：朕自幼不喜饮酒，然能饮而不饮，平日膳后或遇年节筵宴之日，止小杯一杯。人有点酒不闻者，是天性不能饮也。如朕之能饮而不饮，始为诚不饮者。大抵嗜酒则心志为其所乱而昏昧，或致疾病，实非有益于人之物。故夏先后①以旨酒②为深戒也。

【注释】

①先后：先世君王。

②旨酒：美酒。

【原文】

　　训曰：原夫酒之为用，所以祀神也，所以养老也，所以献宾也，所以合欢也。其用固不可少，然沉酗湎溺，至不时不节①则不可。是故先王因为酒礼，宾主交错②，揖让升降，温温其恭，威仪反反③，立监佐史④，常以三爵为限，况敢多饮乎？此先王之所以戒酒失⑤也。奈何今之人无故而饮，饮必醉而后已。富家子弟败家破产，身罹疾厄，皆由于此；而贫穷者，才得几文，便沽饮尽醉，行凶遭祸，抑何比比⑥？故《周书》以酒为诰⑦，而曰："我民用大乱丧德，亦罔非酒惟行。"

【注释】

　　①不时不节：不分时节。

　　②交错：古代宴饮时互相敬酒的程序，东西正对面敬酒为交，斜对面敬酒为错。

　　③反反：慎重而和善的样子。

　　④立监佐史：设立在酒宴上监督饮酒的官员。监，酒监，宴会上监督礼仪的官。史，酒史，记录饮酒时言行的官员。

　　⑤戒酒失：戒因饮酒而失礼失德。

　　⑥比比：频频，屡屡。

　　⑦诰：告诫。

【原文】

　　训曰：礼义之心人皆有之，未有安心为非而逆乎人道者也。若或有之，不过百中一二。然此辈亦有所由起。或有负气而纵者，或有使酒而纵者。夫负气者犹知顾忌，而使酒者竟毫无所畏。此非其人为之，而酒为之也。故古之圣王远焉，贤士戒焉。世之好饮者乐酒无厌，心恒狂乱，遂至形骸颠倒，礼法丧失，其为败德，何可胜言！是故朕谆谆教饬尔等，断不可耽①于酒者，正为伤身乱行，莫此为甚也。

【注释】

①耽：沉溺。

【原文】

训曰：人之养身，饮食为要，故所用之水最切。朕所经历多矣。每将各地之水称其轻重，因知水最佳者，其分两甚重。若遇不得好水之处，即蒸水以取其露，烹茶饮之。泽布尊旦巴胡突克图①多年以来所用，皆系水蒸之露也。

【注释】

①泽布尊旦巴胡突克图：喀尔喀蒙古地区对藏传佛教中活佛的称呼，意为化身。

【原文】

训曰：朕避暑时，曾于乌城、热河等处捕鱼，见侍卫、执事人中年纪幼小者，怜其未习于水，每怀怵惕①。

故朕诸子自幼俱令其习水，即习之未精者，较之若辈②亦大不同，所以行船涉水，总不为汝等牵挂也。可见为人凡学一艺，必于自身有益。我朝先辈尝言一粒之艺，于身有益，诚谓是与。

【注释】

①怵（chù）惕：戒惧警惕。

②若辈：他们，指侍卫中不习水性者。

【原文】

训曰：今外边之无赖小人及太监等惯詈①骂人，且动辄发誓，亦如骂人之语，皆出自口。我等为人上者，断乎不可。或使令之辈有过，小则责之，大则扑②之，詈骂之亦奚③为？污秽之言轻出自口，所损大矣。尔等切记之。

【注释】

①詈：骂。

②扑：用杖、鞭打，泛指打。

③奚：疑问代词，相当于"胡""何"。

【原文】

训曰：凡人不能无好恶，但能胜其私心则善。诚见善而好之，见恶而恶之，则不能牵累吾心矣。人于喜怒亦然。喜时不能不遇可怒之事，怒时不能不遇可喜之事，是故《大学》云"忿懥①好乐，皆难得其正"者，此之谓也。

①忿懥（zhì）：发怒。

【原文】

训曰：人生于世，无论老少，虽一时一刻，不可不存敬畏之心。故孔子曰："君子畏天命，畏大人，畏圣人之言。"我等平日凡事能敬畏于长上，则不得罪于朋侪①，则不召过，且于养身亦大有益。尝见高年有寿者，平日俱极敬慎，即于饮食亦不敢过度。平日居处尚且如是，遇事可知其慎重也。

【注释】

①朋侪（chái）：朋辈，朋友们。

【原文】

训曰：古圣人所道之言即经，所行之事即史，开卷即有益于身。尔等平日诵读及教子弟，惟以经、史为要。夫吟诗作赋虽文人之事，然熟读经、史，自然次第能之。幼学断不可令看小说。小说之事，皆敷演①而成，无实在之处，令人观之，或信为真，而不肖之徒竟有效法行之者。彼焉知作小说者譬喻、指点之本心哉？是皆训子要道，尔等其切记之。

【注释】

①敷演：演义，陈述而加以发挥。

【原文】

训曰：《诗》之为教也，所从来远矣。昔在虞廷^①，命夔^②为典乐之官，以教胄子^③。曰："《诗》言志。"盖人性情之发，不能无所寄托，而《诗》则触于境而宣于言者也。自夫子删定而后，三百篇之旨粲然可睹。采之里巷者为"风"，陈之朝廷者为"雅"，荐之郊庙者为"颂"。观其美、刺^④，而善、恶之鉴昭矣；观其正、变^⑤，而隆、替^⑥之治判矣；观其升歌下管、间歌合乐^⑦之所咏叹，而祖功宗德之实著矣。千载而下，因言识心，故曰"可兴、可观、可群、可怨^⑧"也。夫子雅言之教，称引诵说，惟《诗》最多。如《大学》《中庸》《孝经》，篇末必引《诗》以咏叹之，亦以见古人之斯须不离乎《诗》也。思夫伯鱼过庭之训^⑨，"小子，何莫学夫《诗》"之教，则凡有志于学者，岂可不以学《诗》为要乎？

【注释】

①虞廷：虞舜的朝廷。

②夔（kuí）：人名，相传为尧舜时掌管音乐的人。

③胄子：嫡长子，王公爵位的法定继承人。

④刺：讽刺。

⑤正、变：《诗经》研究有所谓"正变说"。汉代毛苌《毛诗序》认为，"王道衰，礼义废"之前的雅诗为"正雅"，以后的雅诗为"变雅"；《周南》《召南》为"正风"，《邶风》以下十三国风为"变风"。清代薛雪《一瓢诗话》认为，正风正雅都是纯粹赞美

的，变风变雅是兼有美刺的。

⑥隆、替：指政治的兴盛和衰败。

⑦升歌下管、间歌合乐：升歌、下管、间歌、合乐是《诗经》的几种演唱形式。升歌是在堂上唱歌，下管是在堂下用管乐演奏，间歌是间代着演唱，合乐是众乐同时演奏。

⑧可兴、可观、可群、可怨：语出《论语·阳货》。意为学习《诗经》可以培养想象力，可以提高观察力，可以团结大众，可以讽刺不平。

⑨伯鱼过庭之训：见《论语·季氏》："尝独立，鲤趋而过庭。曰：'学《诗》乎？'对曰：'未也。''不学《诗》，无以言。'"伯鱼，孔子的儿子孔鲤，字伯鱼。

【原文】

训曰：礼之系于人也大矣，诚为范身之具①，而兴行起化②之原也。礼仪三百，威仪③三千，大而冠、昏、丧、祭、朝、聘、射、飨之规，小而揖让、进退、饮食、起居之节，君臣上下，赖之以序，夫妇内外，赖之以辨，父子、兄弟、婚媾、姻娅④赖之以顺而成。故曰："动容⑤中礼，而天德备矣。治定制礼，而王道成矣。"《礼经》传之者十三家，而戴德、戴圣⑥为尤著。圣所传四十九篇，即今之《礼记》是也。其余四十七篇，虽杂出于汉儒之说，亦皆传述圣门格言，有切于身心之要旨。尔等所习本经既熟，正当学礼。孔子曰："不学礼，无以立。"其宜勉之。

【注释】

①范身之具：用以规范自身行为的东西。

②兴行起化：培养良好品行，端正社会风俗。行，指品德修养。化，指人品、风俗等变化。

③威仪：礼仪的细节，具体行事之礼。

④姻娅（yīn yà）：亲家和连襟，泛指姻亲。婿父称姻，两婿互称曰娅。

⑤动容：动作和容貌。

⑥戴德、戴圣：分别是西汉今文经学"大戴学""小戴学"的开创者。戴德，又称"大戴"，戴圣的叔父。戴圣，又称"小戴"。

【原文】

训曰：为人上者，使令小人①固不可过于严厉，而亦不可过于宽纵。如小过误，可以宽者，即宽宥②之；罪之不可宽者，彼时即惩责训导之，不可记恨。若当下不惩责，时常琐屑蹂践③，则小人恐惧，无益事也。此亦使人之要，汝等留心记之。

【注释】

①小人：仆人。

②宽宥：宽容，饶恕。

③琐屑蹂践：琐琐碎碎地蹂躏。

【原文】

训曰：孔子云："惟女子与小人为难养也。近之则不孙①，远之则怨。"此言极是。朕恒见宫院内贱辈，因稍有勤劳，些须施恩，伊②必狂妄放纵，生一事故，将前所行是处尽弃而后已。及远置之，伊又背地含怨。古圣何以知之，而为是言耶？凡使人者，皆宜深省此言也。

【注释】

①不孙：傲慢，不恭敬。孙，同"逊"。

②伊：他（她）。

【原文】

训曰：太监原为宫中使令，以备洒扫而已，断不可使其干预外事。朕宫中之太监，总不令在外行走。有告假者，日中出去，晚必进内。即朕御前近侍之太监等，不过左右使令，家常闲谈笑语，从不与言国家之政事也。

【原文】

训曰：兵书云："为将之道，当身先士卒。"前者噶尔丹以追喀尔喀为名，阑入①边界。朕计安藩服②，亲统六师，由中路进兵。逐日侵晨③起行，日中驻营。又虑大兵远讨，粮米为要。传令诸营将士每日一餐，朕亦每日进膳一次。未驻营时，必先令人详审水草。或有乏水处，则凿井开泉，蓄积澄流，务使人马给足。竟有原无水处，忽尔清泉流出，导之可致数里，人马资用不竭。一近克鲁伦河，即身率侍卫前锋直捣其巢，大兵随后依次而进。噶尔丹闻朕亲统大兵忽自天临，魂胆俱丧，即行逃窜。恰遇西师于昭木多，一战而大破之。此皆由朕上得天心，出师有名，故尔新泉涌出，山川灵应，以致数十万士卒车马各各安全。三月之间，振旅④凯旋，而成兹大功也。

【注释】

①阑入：擅自闯入。

②藩服：古代京城以外之地分为九服，最远的地区称藩服。

③侵晨：拂晓，天快亮时。

④振旅：整队班师。

【原文】

训曰：兵丁不可令习安逸。惟当教之以劳，时常训练，使步伐严明，部伍熟习，管子所谓"昼则目相视而相识，夜则声相闻而不乖①"也。如是，则战胜攻取，有勇知方②。故劳之，适所以爱之。教之以劳，真乃爱兵之道也。不但将兵如是，教民亦然。故《国语》曰："夫民劳则思，思则善心生；逸则淫，淫则忘善，忘善则恶心生。沃土之民不材，淫也；瘠土之民莫不向义，劳也。"

【注释】

①乖：违背，不和谐。

②知方：知礼法，懂道理。

【原文】

训曰：我等时居塞外①，常饮河水。然平时不妨，但夏日山水初发，深当戒慎。此时饮之，易生疾病。必得大雨一二次后，山中诸物尽被涤荡，然后洁清可饮。

【注释】

①塞外：古代指长城以北的地区，也称塞北。

【原文】

训曰：朕每岁巡行临幸处，居人各进本地所产菜蔬，尝喜食之。高年人饮食宜淡薄，每兼菜蔬食之则少病，于身有益。所以农夫身体强壮，至老犹健者，皆此故也。

【原文】

训曰：尝观《宋史》，孝宗月四朝太上皇，称为盛事。孝宗于宋固为敦伦①之主，然而上皇在御，自当乘暇问视，岂可限定朝见之期？朕事皇太后五十余年，总以家庭常礼，出乎天伦至性。遇有事奏启，一日二三次进见者有之，或无事，即间数日者有之。至于万寿诞辰②，嘉时令节，朕备家宴，恭请临幸，则自晨至暮左右奉侍，岂止日觐数次？朕之巡狩③江南、出猎塞北也，随本报④三日一次恭请圣安外，仍使近侍太监乘传⑤请安，并进所获鹿、麂⑥、雉、兔、鲜果、鲜鱼之类。凡有所得，即令驰进，从不拘定日期。且朕侍皇太后家人礼数，惟以顺适为安，自然为乐，并不以朝见日期、限定礼法而称孝也。

【注释】

①敦伦：敦睦人伦。

②万寿诞辰：一般指皇帝生日，此处指皇太后生日。

③巡狩：即巡视，皇帝出巡称巡狩。

④本报：清代皇帝离京巡幸期间，由内阁定期报送题本至行在时所用的文书。

⑤乘传：乘坐驿车。传，驿站的马车。

⑥麅（páo）：同"狍"，一种矮鹿。

【原文】

训曰：尝阅《明宣宗实录》，其奉侍母后和敬有礼，至今览之，犹足令人感慕。朕尝思先王以孝治天下，故夫子称至德要道，莫加于此。自唐宋以来，人君往往疏于定省①，有经年不一见者。独不思朝夕承欢，自天子以至于庶人，家庭常礼，出于天伦至性，何尝以上下而有别也？

【注释】

①定省：泛指子女探望问候亲长。晚上向父母问安叫定，早上向父母问安叫省。

【原文】

训曰：诸样可食果品，于正当成熟之时食之，气味甘美，亦且宜人。如我为大君①，下人各欲尽其微诚，故争进所得初出鲜果及菜蔬等类，朕只略尝而已，未尝食一次也，必待其成熟之时始食之。此亦养身之要也。

【注释】

①大君：天子。

【原文】

训曰：朕于凡事必存心分别吉凶，如简用①大臣、升转职官，本章②必置之于案，或置之于床③。若夫刑部人命事件暂留中④细阅者，必别置一处，决不与吉事相参。朕于此等处如此留心者，吉凶异道，不得相干故也。

【注释】

①简用：选拔使用。

②本章：奏章。

③床：放置物品的器具。

④留中：臣下给皇帝的奏章，皇帝未当时批阅发还而留下，成为留中。

【原文】

训曰：顷因刑部汇题①内有一字错误，朕以朱笔改正发出。各部院本章，朕皆一一全览。外人谓朕未必通览，每多疏忽。故朕于一应本章，见有错字，必行改正。翻译不堪者，亦改削之。当用兵时，一日三四百本章，朕悉亲览无遗，今一日中仅四五十本而已，览之何难？一切事务，总不可稍有懈慢之心也。

①汇题：汇齐题奏。古代上朝规定，凡无关紧要之事，不必一一上奏，可以等汇集数件一齐上报。康熙皇帝曾明谕每十天或十五天汇题。

【原文】

训曰：世间事甚不如意者，莫过于决断秋审①一事。夫杀人之人，理应偿命。但为人君者，于杀人之事，必以哀矜②之心处之。故朕每理秋审之事，无一不竭尽心力而详审之也。

【注释】

①秋审：明清两代在秋季复审各省死刑案件的一种制度，由司法部门审核案件，提出意见，最后奏请皇帝裁决。

②哀矜：怜悯同情。

【原文】

训曰：尔等见朕时常所使新满洲①数百，勿易视②之也。昔者太祖、太宗之时，得东省③一二人，即如珍宝，爱惜眷养。朕自登极以来，新满洲等各带其佐领或合族来归顺者，太皇太后闻之，向朕曰："此虽尔祖上所遗之福，亦由尔抚柔远人，教化普遍，方能令此辈倾心归顺也，岂可易视之？"圣祖每因喜极降是旨也。

①新满洲：与"佛满洲"相对而言。努尔哈赤时期编入的八旗满洲，或清军入关前所编的八旗满洲，称为"佛满洲"，而在清军入关后被编入八旗满洲者称为"新满洲"。

②易视：轻视。

③东省：清代指关外东北一带。

【原文】

训曰：王师之平蜀也，大破逆贼王平藩①于保宁，获苗人三千，皆释而归之。及进兵滇中，吴世璠②穷蹙③，遣苗人济师④以拒我。苗不肯行，曰："天朝活我恩德至厚，我安忍以兵刃相加遗耶？"夫苗之犷悍，不可以礼义驯束，宜若天性然者，一旦感恩怀德，不忍轻背主上，有内地士民所未易能者，而苗顾⑤能之，是可取也。子舆氏⑥不云乎："以力服人者，非心服也，力不赡⑦也。以德服人者，中心悦而诚服也。"宁谓苗异乎人，而不可以德服也耶？

【注释】

①王平藩：吴三桂部将。

②吴世璠：吴三桂之孙，吴三桂死后继其帝位。

③穷蹙：窘迫，困厄。

④济师：增援军队。

⑤顾：文言连词，反而，却。

⑥子舆氏：即孟子，名轲，字子舆。

⑦赡：足够。

【原文】

训曰：凡人于无事之时常如有事，而防范其未然，则自然事不生。若有事之时却如无事，以定其虑，则其事亦自然消灭矣。古人云："心欲小而胆欲大。"遇事当如此处之。

【原文】

训曰：凡大人度量，生成与小人之心志迥异。有等小人，满口恶言，讲论大人，或者背面毁谤，日后必遭罪谴，朕所见最多。可见天道虽隐，而其应实不爽①也。

【注释】

①爽：差错。

【原文】

训曰：《孟子》云："存①乎人者，莫良于眸子。眸子不能掩其恶。胸中正，则眸子瞭②焉；胸中不正，则眸子眊③焉。"此诚然也。看来人之善恶，系于目者甚显，非止眸子之明暗。有人焉，其视人也，常有一种彷徨不定之态，则其人必不正。我朝满洲耆旧④，亦甚贱此等人。

【注释】

①存：观察。

②瞭：眼睛明亮。

③眊（mào）：蒙蒙不明。

④耆（qí）旧：老年人。

【原文】

训曰：凡人行住坐卧，不可回顾斜视。《论语》曰："车中不内顾。"《礼》曰："目容端。"所谓内顾，即回顾也。不端，即斜视也。此等处不但关于德容①，亦且有犯忌讳。我朝先辈老人，亦以行走回顾之人为大忌讳，时常言之，以为戒也。

【注释】

①德容：敬辞，有道者的仪容。

【原文】

训曰：道理之载于典籍者一定而有限，而天下事千变万化，其端无穷。故世之苦读书者，往往遇事有执泥处；而经历事故多者，又每逐事圆融①而无定见。此皆一偏之见。朕则谓当读书时须要体认世务，而应事时又当据书理而审其事。宜如此，方免二者之弊。

【注释】

①圆融：不执一定之见，圆满融通。

【原文】

训曰：孔子云："先行其言，而后从之。"如宋周、程、张、朱①诸儒，皆能勉行②道学之实，其议论皆发明先圣先贤之奥旨。又若司马光，乃宋朝名相，观其编辑《资治通鉴》，论断古今，尽得其当，可谓言行相符，然自未尝博道学之名也。今人讲道学者，徒尚语言文字，而尤好非议人，非惟言行不符。而言之有实者，盖亦寡矣。朕不尚空言，惟务实行，尤不肯非议人。盖以人各有短长，弃其所短，而取其所长，始能尽人之材。若必求全责备，稍有欠缺，即行指摘，非忠恕③之道也。

【注释】

①周、程、张、朱：宋代理学的代表人物，分别为周敦颐、程颢、程颐、张载、朱熹。

②勉行：努力实行。

③忠恕：儒家的伦理思想，要求一方面积极为人，一方面推己及人。恕，体谅。

【原文】

训曰：人生于世，最要者惟行善。圣人经书所遗如许言语，惟欲人之善。神佛之教，亦惟以善引人。后世之学，每每各向一偏，故尔彼此如仇敌也。有自谓道学，入神佛寺庙而不拜，自以为得真传正道，此皆学未至而心有偏。以正理度之，神佛者，皆古之至人①。我等礼之、敬之，乃理之当然也。即今天下至大，神佛寺庙不可胜数，何寺庙而无僧道？若以此辈皆为异端，使尽还俗，不但一时不能，而许多人将何以聊其生②耶？

【注释】

①至人：思想或道德修养最高的人。

②聊其生：赖以生活。聊，依靠。

【原文】

训曰：老者尝云："人至高年，则不能耐暑。"朕于此言常在疑信之间。厥后①年至五旬，即不能耐暑，些须受热，则内烦闷而不能堪。细思其故，盖由人年壮血气强盛，水火平均，所以不显；年高血气衰败，水不能胜火，故不能耐暑。尔等此时还不在意，至年渐高，自觉之矣。

【注释】

①厥后：其后，那以后。

【原文】

训曰：有人见朕之须白，言有乌须良方。朕曰："我等自幼凡祭祀时尝以须鬓至白、牙齿尽黄为祝。今幸而须鬓白矣，不思福履所绥，而反怨老之已至，有是理乎？"

【原文】

训曰：我朝先辈有言："老人牙齿脱落者，于子孙有益。"此语诚然。数年前，朕诣宁寿宫请安，皇太后向朕问治牙痛方，言牙齿动摇，其已脱落者则痛止，其未脱落者痛难忍。朕因奏曰："太后圣寿已逾七旬，孙及曾孙殆①

及百余，且太后之孙皆已须发将白，而牙齿将落矣，何况祖母享如是之高年？我朝先辈常言，老人牙齿脱落，于子孙有益，此正太后慈闱②福泽绵长之嘉兆也。"皇太后闻朕之言，欢喜倍常，谓朕言极当，称赞不已。且言皇帝此语，凡如我老媪③辈，皆当闻之而生欢喜也。

【注释】

①殆：大概，几乎。

②慈闱：本指母亲，封建时代以皇后母仪天下，故亦以称皇后。

③媪：老妇人。

【原文】

训曰：《记》云"昏定晨省"者，言为子之所以竭尽孝心耳。人当究其本意，不可徒泥其辞，必循其迹以行之。如朕子孙众多，逐日早起问安，汝子又早起问汝之安，日暮又如此相继问安，不但尔等无饮食之暇，即朕亦将终日不得一饭之暇矣，决非可行之事。由此观之，凡人读书，俱究其本意而得之于心可也。

【原文】

训曰：《易》为四圣之书①，其立象②、设卦、系辞，广大悉备。言其理，则无所不该；言其用，则自昔伏羲、神农、黄帝、尧、舜王天下之道，咸取诸此。然而深探作《易》之旨，大抵不外阴阳而配诸人事，则有吉、凶、悔、吝之别。运数所由盛衰，风俗所由治乱，君子小人所由进退消长，鲜不于奇偶二画屈伸变易之间见之。朕惟经学为治法之要，而《诗》《书》之文、《礼》《乐》之具、《春秋》之行事，罔不于《易》会通。故朕研求《易》理，玩索精蕴。前命儒臣参考诸儒注疏传义，撰为《日讲易经解义》。又命大学士李光地纂修《周易折中》。乙夜③披览，一字一画，斟酌无忽。诚以《易》之为书，有观民设教之方，有通德类情④之用，恐惧修省以治身，思患豫防以维世，所以极天人、穷性命、开物前民⑤、通变尽利者，其理莫详于《易》。故孔子尝曰："加我数年，五十以学《易》。"盖言凡为学者不可以不学，而学又不可易视之也。

【注释】

①《易》为四圣之书：指伏羲画八卦，文王推演为六十四卦并作卦辞，周公作爻辞，孔子作十翼。

②立象：取法万物形象。

③乙夜：二更时候，大约为夜间十时。

④通德类情：通神明之德，类万物之情。

⑤开物前民：揭示事物规律，在民众行动前预测未来，趋吉避凶。

【原文】

训曰：凡事只空谈，若不眼见，终属无用。《诗》云："伯氏吹埙，仲氏吹篪①。"然而实见埙、篪者有几人？一岁除日②，乾清宫正陈设乐器，朕召南书房汉大臣、翰林等，降旨云："尔等凡作诗赋，多以埙、篪比兄弟，问尔埙、篪之形如何，皆云不知，因命内监将乐器中埙、篪取与伊等观看。"伊等看毕，欣然称奇，以为臣等惟于书中见之，即随口空谈，谁人实见埙、篪？今日方得明白也。凡事皆如此，必亲见亲历，始得确实。若闻之他人，或书中偶见，即据以为言，必贻笑于有识之人矣。

【注释】

①伯氏吹埙（xūn），仲氏吹篪（chí）：语出《诗经·小雅·何人斯》。意为老大吹埙，老二吹篪，埙篪合奏，比喻兄弟和睦。埙，陶制乐器，形如鸡蛋，有六孔。篪，竹制乐器，略似今天的笛子，有八孔。

②除日：农历年的最后一天。

【原文】

训曰：我朝清字①，各国语音俱可以叶②。太宗皇帝时，曾借蒙古字以代清文。后来奉敕谕，学士达海修饰蒙古字，加以圈点，而撰清文。朕虑将来或有授受之讹，故特与高年人等搜辑旧语，制为《清文鉴》，颁行之。既有此书，则我朝清字必不至于遗漏矣。

【注释】

①清字：即满文。

②叶：指拼写。

【原文】

训曰：赖祖、父福荫，天下一统，国泰民安，远方外国商贾渐通。各种皮毛，较之向日倍增。记朕少时，贵人所尚者惟貂，其次则狐臁①、天马之类，至于银鼠②，总未见也。驸马耿聚忠着一银鼠皮褂，众皆环视，以为奇珍。而今银鼠能直几何？即此一节而论，祖父所遗之基、所积之福，岂可易视哉？

【注释】

①臁（qiǎn）：动物腰左右有虚肉处。

②银鼠：生活在我国东北部的一种小动物，鼬科中最小的一种。

【原文】

训曰：凡人饮食之类，当各择其宜于身者。所好之物不可多食，即如父子、兄弟间，我好食之物，尔则不欲。尔不欲食之物，我强与汝以食之，岂可乎？各人所不宜之物，知之即当永戒。由是观之，人自有生以来，肠胃自各有分别处也。

【原文】

训曰：人果专心于一艺一技，则心不外驰，于身有益。朕所及明季①人与我国之耆旧善于书法者，俱寿考②而身强健。复有能画汉人或造器物匠役，其巧绝于人者，皆寿至七八十，身体强健，画作如常。由是观之，凡人之心志有所专，即是养身之道。

【注释】

①明季：明朝末年。

②寿考：年高，长寿。

【原文】

训曰：朕决不欺人。即如今凡匠役人等各有密传技艺，决不肯告人。而朕问之，彼若开诚明奏，朕必密之，不告一人也。

【原文】

训曰：凡人能量己之能与不能，然后知人之艰难。朕自幼行走固多，征剿噶尔丹，三次行师，虽未对敌交战，自料犹可以立在人前。但念越城勇将，则知朕断不能为。何则？朕自幼未尝登墙一次，每自高崖下视，头犹眩晕。如彼高城，何能上登？自己决不能之事，岂可易视？所以朕每见越城勇将，心实怜之，且甚服之。

【原文】

训曰：昔时大臣久经军旅者，多以人命为轻。朕自出兵以后，每反诸己①，或有此心乎？思之而益加敬谨焉。

【注释】

①反诸己：反过来从自己身上找问题。

【原文】

训曰：行围打牲①必用鸟枪，而鸟枪火药最宜小心。大概一两火药可以轰动二三间房屋。如或一斤，则其力不可言矣。我知之最切，且闻之亦多，是故训尔等用鸟枪时，各宜小心谨慎也。

【注释】

①行围打牲：在围场打猎。

【原文】

训曰：吾人燕居①之时，惟宜言古人善行善言。朕每对尔等多教以善，尔等回家各告尔之妻子，尔之妻子亦莫不乐于听也。事之美，岂有逾此者乎？

【注释】

①居：退朝而处，闲居。

【原文】

训曰：凡人持身处世，惟当以恕①存心。见人有得意事，便当生欢喜心；见人有失意事，便当生怜悯心。此皆自己实受用处。若夫忌人之成，乐人之败，何与人事？徒自坏心术耳。古语云："见人之得，如己之得；见人之失，如己之失。"如是存心，天必佑之。

①恕：推己及人，体谅。

【原文】

训曰：民生本务①在勤，勤则不匮②。一夫不耕，或受之饥；一妇不蚕，或受之寒。是勤可以免饥寒也。至于人生衣食财禄，皆有定数。若俭约不贪，则可以养福，亦可以致寿。若夫为官者俭，则可以养廉。居官居乡，只缘不俭，宅舍欲美，妻妾欲奉，仆隶欲多，交游欲广，不贪何从给之？与其寡廉，孰若寡欲？语云："俭以成廉，侈以成贪。"此乃理之必然者。

【注释】

①本务：根本大事。
②匮：匮乏，指缺乏衣食等生活资料。

【原文】

训曰：尝谓四肢之于安佚①也，性也。天下宁有不好逸乐者？但逸乐过节则不可。故君子者勤修不敢惰，制欲不敢纵，节乐不敢极，惜福不敢侈，守分不敢僭②，是以身安而泽长也。《书》曰："君子所其无逸。"《诗》曰："好乐无荒，良士瞿瞿③。"至哉，斯言乎！

【注释】

①安佚：安乐舒适。佚，同"逸"。

②僭（jiàn）：僭越，超越自己的等级、本分。

③瞿瞿：警惕顾虑的样子。

【原文】

训曰：国家赏罚，治理之柄，自上操之，是故转移人心，维持风化，善者知劝，恶者知惩。所以代天宣教，时亮天功①也。故爵曰"天职"，刑曰"天罚"。明乎赏罚之事，皆奉天而行，非操柄者所得私也。《韩非子》曰："赏有功，罚有罪，而不失其当，乃能生功止过也。"《书》曰："天命有德，五服五章②哉！天讨有罪，五刑五用③哉！政事懋④哉懋哉！"盖言爵赏刑罚乃人君之政事，当公慎⑤而不可忽者也。

【注释】

①时亮天功：时时想着接受上天的命令并助其治理臣民。

②五服五章：这里指以五种服饰、五种纹饰区分等级尊卑。五服，天子、诸侯、卿、大夫、士五种等级的服装，款式、颜色、图案各不相同。五章，服装上的五种不同纹饰，用以区别尊卑。

③五刑五用：此指用五种轻重不同的刑罚惩处那些有对应罪行的人。五刑，即墨、劓（yì）、刖（yuè）、宫、大辟五种刑法。五用，五刑轻重各有用法。

④懋（mào）：勉励，努力。

⑤公慎：公正谨慎。

【原文】

训曰：舜好问而好察。迩言①不自用而好问固美矣，然不可不察其是否也，故又继之以好察。《孟子》论用人、用刑则曰"询之左右及诸大夫，及国人"，可谓不自用，不偏听，而谋之广矣。然终必继之以察，而实见其可否，然后信之。至若舜又曰："官占②惟先蔽志，昆③命于元龟④。朕志先定，询谋佥⑤同，鬼神其依，龟筮协从。"箕子亦曰："汝则有大疑，谋及乃心，谋及卿士，谋及庶人，谋及卜筮。"此则又先断之以己意，然后参之于人与鬼神。可见古之圣人或先参众论，而后审之以独断。或先定己见，而后稽⑥之于人、神。其慎重不苟如此。盖众谋、独断不容偏废，但先后异用，而随事因时可耳。

【注释】

①迩言：左右亲信的话。

②官占：卜官的推算。

③昆：后。

④元龟：大龟，古代用于占卜。

⑤佥（qiān）：全，都。

⑥稽：考核，考查。

【原文】

训曰：天下事物之来不同，而人之识见亦异。有事理当前，是非如睹，出平日学力之所至，不待拟议①而后得之，此素定之识^②也。有事变倏来，一时未能骤断，必等深思而后得之，此徐出之识^③也。有虽深思而不能得，合众人之心思，其间必有一当者，择其是而用之，此取资之识^④也。此三者，虽圣人亦然。故周公有继日^⑤之思，而尧舜亦曰"畴咨^⑥""稽众^⑦"。惟能竭其心思，能取于众，所以为圣人耳。

【注释】

①拟议：揣度，筹划。

②素定之识：平日已形成的见识。

③徐出之识：慢慢得出的见识。

④取资之识：在别人那里得到的见识。

⑤继日：连日。

⑥畴咨：访求。

⑦稽众：向众人察考。

【原文】

训曰：孟子言"良知良能"，盖举此心本然之善端，以明性之善也。又云"大人者，不失其赤子之心者也"，非谓自孩提以至终身，从吾心，纵吾知，任吾能，自莫非天理之流行也。即如孔子"从心所欲，不逾矩^①"，尚言于"志学""而立""不惑""知命""耳顺"之后。故古人童蒙而教，八岁即入小学，十五而入大学，所以正其禀习之偏、防其物欲之诱、开扩其聪明、保全其忠信者无所不至。即孔子之圣，其求道之心乾乾^②不息，有"不知老之将至"。故凡有志于圣人之学者，其择善固执、克己复礼^③、循循勉勉^④，无有一毫忽易^⑤于其间，始能日进也。

【注释】

①逾矩：不逾越法度。

②乾乾：自强不息的样子。

③克己复礼：约束自我，使言行合乎礼。

④循循勉勉：循序渐进，勤恳不懈。

⑤忽易：忽视，忽略。

【原文】

训曰：朕自幼留心典籍，比年^①以来，所编定书约有数十种，皆已次第告成。至于字学，所关尤切。《字汇》失之简略，《正字通》涉于泛滥。兼之各方风土不同，语音各异，司马光之《类篇》分部或有未明，沈约之声韵后人不无訾议^②，《洪武正韵》多所驳辩，讫不能行，仍依沈韵。朕参阅诸家，究心考证，如我朝清文以及蒙古、西域、洋外诸国，多从字母而来。音虽由地而殊，而字莫不寄于点画，两字合作一字，二韵切为一音。因知天地之元音发于人声，人声之形象寄于字体。故朕酌订一书，命曰《康熙字典》，增《字汇》之阙遗，删《正字通》之繁冗，务使详略得中，归于至当，庶可垂示永久云。

【注释】

①比年：近年。

②訾（zī）议：非议。

【原文】

训曰：朕自幼所见医书颇多，洞彻其原故，后世托古人之名而作者，必能辨也。今之医生，所学既浅，而专图利，立心不善，何以医人？如诸药之性，人何由知之？皆古圣人之所指示者也。是故朕凡所试之药与治人病愈之方，必晓谕广众。或各处所得之方，必告尔等共记者，惟冀有益于多人也。

【原文】

训曰：药品不同，古人有用新苗者，有用曝干者，或以手折口咬，撮合一处。如今皆用曝干者，以分量称合，此岂古制耶？如蒙古有损伤骨节者，则以青色草名"绰尔海"之根，不令人见，采取食之，甚有益。朕令人试之，诚然。验之，即内地之续断。由此观之，蒙古犹有古制。药惟与病相投，则有毒之药亦能救人；若不当，即人参人亦受害。是故用药贵与病相宜也。

【原文】

训曰：养生之道，饮食为重。设如身体微有不豫①，即当节减饮食。然亦惟比寻常稍减而已。今之医生，一见人病，即令勿食，但以药物调治。若或内伤饮食者，禁之犹可，至于他症，自当视其病由从容调理，量进饮食，使气血增长。苟于饮食禁之太过，惟任诸凡补药，鲜能资补气血而令之充足也。养身者宜知之。

【注释】

①不豫：生病。本为天子生病的讳称，泛指尊长有疾。

【原文】

训曰：朕从前曾往王大臣等花园游幸，观其盖造房屋，率皆效法汉人，各样曲折槅断①，谓之"套房"。彼时亦以为巧，曾于一两处效法为之。久居即不如意，厥后不为矣。尔等俱各自有花园，断不可作套房，但以宽广弘敞、居之适意为宜。

【注释】

①槅（gé）断：即隔断。槅，房屋或器物的隔断板。

【原文】

训曰：朕虽于谈笑小节亦必循理。先者大阿哥管养心殿营造事务时，一日，同西洋人徐日昇进内与朕闲谈。中间，大阿哥与徐日昇①戏曰："剃汝之须可乎？"徐日昇佯佯不采②，云："欲剃，则剃之。"彼时朕即留意，大阿哥原是悖乱之人。设曰"我奏过皇父，剃徐日昇之须"，欲剃，则竟剃矣，外国之人谓朕因戏而剃其须，可乎？其时朕亦笑曰："阿哥若欲剃亦必启奏，然后可剃。"徐日昇一闻朕言，凄然变色，双目含泪，一言不出。既逾数日后，徐日昇独来见朕，涕泣而向朕曰："皇上何如斯之神也？

为皇子者，即剃我外国人之须，有何关系？皇上尚虑及未然，降此谕旨，实令臣难禁受③也。"厥后，四十七年，朕不豫时，徐日昇听信外边乱语，以为朕疾难愈，到养心殿大哭，自怨其无造化。随回至家，身故。夫一言可以得人心，而一言亦可以失人心也。

【注释】

①徐日昇：葡萄牙人，天主教传教士。

②佯佯不采：做出不理睬的神态。

③禁受：消受。

【原文】

训曰：我朝先辈老者虽未深通书史，然所行奇处极多。即如古有结绳之政①，我朝先辈奏事亦尝结带为记；古用木简、竹简书字，我朝今用绿头牌木牌②。由此观之，凡圣人应运而兴者，所行自暗与古合，诚足异也。

【注释】

①结绳之政：传说文字产生以前，人们结绳记事，用绳打结，以不同的形状和数量的结标记不同的事件。

②绿头牌木牌：清代凡遇紧急事务或事涉琐细，由六曹章奏时，即用绿头木牌，以满文书节略于其上，称为"绿头牌"。

【原文】

训曰：春夏之时，孩童戏耍，在院中无妨，毋使坐在廊下。此老年人尝言之也。

【原文】

训曰：昔者喀尔喀尚未内附^①之时，惟乌朱穆秦之羊为最美。厥后，七旗之喀尔喀尽行归顺，达里岗阿等处立为牧场。其初贡之羊，朕不敢食，特遣典膳官虔供陵寝，朕始食之。即如朕新制法蓝^②碗，因思先帝时未尝得用，亦特择其嘉者恭奉陵寝，以备供茶。朕之追远致敬^③，每事不忘，尔等识^④之。

【注释】

①内附：归附朝廷。

②法蓝：即珐琅，又称搪瓷。

③追远致敬：追念先祖，表达敬意。

④识：志，记。

【原文】

训曰：朕自幼喜观稼穑^①，所得各方五谷菜蔬之种，必种之以观其收获，诚欲广布于民生，或有裨益也。朕丰泽园所种之稻，偶得一穗，较他穗先熟，因种之，遂比别稻早收。若南方和暖之地，可望一年两获。即如外国之卉、各省之花，凡所得种，种之即生，而且花开极盛。观此，则花木之各遂其性也可知矣。今塞外之野茧，大似山东之山茧，朕因织为茧绸^②，制衣衣之。此皆农桑之要务。至于花木，皆天地生意所发，故朕心深惬焉。

①稼穑：农事的总称。种谷叫稼，收谷叫穑。

②茧绸（chóu）：茧丝织成的绸布。

【原文】

训曰：古人尝言："三年耕，必有一年之积；九年耕，必有三年之积。"此先事预防之至计，所当讲求于平日者。近见小民蓄积匮乏，一遇水旱，遂致难支。此皆丰稔①之年粒米狼戾②，不能储备之故也。国计若是，家计亦然。故凡家有田畴足以赡给③者，亦当量入为出，然后用度有准，丰俭得中，安分养福，子孙常守。

【注释】

①丰稔（rěn）：丰收。

②狼戾：狼藉，散乱堆积。

③赡给：周济救助。

【原文】

训曰：朕生性不喜价值太贵之物。出游之处，所得树根或可观之石，围场所获野兽之角或爪牙，以至木叶之类，必随其质而成一应用之器。即此观之，天下之物，虽最不值价者，以作有用之器，即不可弃也。

【原文】

训曰：尝见有人讲论旧磁器皿，以为古玩。然以理论，旧磁器皿俱系昔人所用，其陈设何处，俱不可知，看来未必洁净，非大贵人饮食所宜留用，不过置之案头，或列之书厨，以为一时之清赏①可矣。此亦富贵人家所当留心之一节，故语尔等知之。

【注释】

①清赏：清雅的玩物。

【原文】

训曰：诸国必有一所敬之神，即如我朝之敬祀祖神者，如蒙古、回子、番苗、猓猡以及各国之人，皆自有一所敬之神。由此观之，天之生斯人也，"敬"之一字，凡事不可须臾离也。

【原文】

训曰：凡人各有一惧怕之物，有怕蛇而不怕虾蟆①者，亦有怕虾蟆而不怕蛇者。朕虽不怕诸样之物，然从来不以戏人。在怕虫之人见其所怕之虫，不顾身命，往往竟有拔刀者。如在大君之前，倘出锋刃，俱系重罪。明知此故，而因一戏以入人罪，亦复何味？尔等留心切记可也。

【注释】

①虾蟆：青蛙和蟾蜍的统称。此处指蟾蜍，即癞蛤蟆。

【原文】

训曰：敬重神佛，惟在我心而已。自唐宋以来，相传遇神佛祭日，特造神佛纸像供之，祭毕复焚。此虽无关乎大礼，然于道理甚不合。外边小人随其俗尚①可已，我等为人上者知此，当各戒之。

【注释】

① 俗尚：世俗的风尚。

【原文】

训曰：朕南巡数次，看来大江以南水土甚软，人亦单薄，诸凡饮食，视之鲜明奇异，然于人则无补益处。大江以北水土即好，人亦强壮，诸凡饮食，亦皆于人有益。此天地间水土一定之理。今或有北方人饮食执意效南方，此断不可也。不惟各处水土不同，而人之肠胃亦异，勉强效之，渐至于软弱，于身有何益哉？

【原文】

训曰：漆器之中，洋漆最佳，故人皆以洋人为巧，所作为佳。却不知漆之为物，宜潮湿而不宜干燥。中国地燥尘多，所以漆器之色最暗，观之似粗鄙。洋地在海中，潮湿无尘，所以漆器之色极其华美。此皆各处水土使然，并非洋人所作之佳，中国人所作之不及也。

【原文】

训曰：外边水土肥美，本处人惟种糜、黍、稗、稷等类，总不知种别样之谷。因朕驻跸①边外，备知土脉②情形，教本处人树艺③各种之谷。历年以来，各种之谷皆获丰收，垦田亦多，各方聚集之人甚众，即各山壑④中，皆成大村落矣。上天爱人，凡水陆之地，无一处不可以养人，惟患人之不勤不勉。尔诚能勤勉，到处皆可耕凿，以给妻子也。

【注释】

①驻跸（bì）：帝王出行时途中停留暂住。

②土脉：土壤开冻松化，生气勃发，如人的血脉之动。后来泛指土壤。

③树艺：种植。

④壑：山谷。

【原文】

训曰：我朝满洲旧风，凡饮食必甚均平，不拘多寡，必人人遍及，使尝其味。朕用膳时，使人有所往，必留以待其回，而与之食。青海台吉①来时，朕闲话中间问伊等②旧风，亦云如是。由是观之，古昔所行之典礼，其规模皆一，殆无内外远近之分也。

【注释】

①台吉：旧时蒙古王公的爵位名号，后亦用作军衔和行政长官的称号。

②伊等：他们。

【原文】

训曰：明朝末年，西洋人始至中国作验时之日晷①。初制一二时，明朝皇帝目以为宝，而珍重之。顺治十年间，世祖皇帝得一小自鸣钟②以验时，刻不离左右。其后又得自鸣钟稍大者，遂效彼为之。虽能仿佛其规模，而成在内之轮环，然而上劲之法条未得其法，故不得其准也。至朕时自西洋人得作法条之法，虽作几千百，而一一可必其准。爰将向日所珍藏世祖皇帝时自鸣钟尽行修理，使之皆准。今与尔等观之。尔等托赖朕福如斯，少年皆得自鸣钟十数，以为玩器，岂可轻视之？其宜永念祖、父所积之福可也。

【注释】

①日晷：古代测日影以定时刻的仪器。

②自鸣钟：即时钟。自鸣钟在万历年间已由意大利人传入我国，并非顺治时才有。

【原文】

训曰：朕所居殿现铺毡片等物，殆及三四十年而未更换者有之。朕生性廉洁，不欲奢于用度也。

【原文】

训曰：旧满洲忌讳之事，皆如古典①。即如遇一忌讳之事，有年高者，则子弟为年高者忌讳。子孙众多，年高者亦为子孙忌讳。是皆彼此爱敬之意。汝等知此，必遵而行之。

①古典：古代的典章制度。

【原文】

训曰：大凡残疾之人，不可取笑。即如跌蹼^①之人，亦不可哂^②。盖残疾之人，见之宜生怜悯。或有无知之辈，见残疾者每取笑之，其人非自招斯疾，即招及子孙。即如哂人跌蹼，不旋踵^③间或即失足。是故我朝先辈老人常言："勿轻取笑于人，取笑必然自招。"正谓此也。

【注释】

①跌蹼：跌仆，失足跌倒，比喻遭遇挫折和灾难。

②哂（shěn）：讥笑。

③旋踵：转足之间，形容很快，时间极短。

【原文】

训曰：白素之物最为吉祥。佛经中以白为净，故蒙古、西番^①僧众供佛，见贵人必进白绫手帕^②，以为贽^③见之礼。且我朝一应喜庆筵宴，桌张亦必用素白布匹以为盖袱，此正古人"绘事后素^④"之义也。

【注释】

①西番：泛指我国西部各少数民族。

②白绫手帕：即指哈达。

③贽（zhì）：初见尊长时所献的礼品。

④绘事后素：语出《论语·八佾》。先有白色底子，而后才可彩绘。比喻礼乐在仁义之后，也用来比喻做事先从简单开始，逐步深入。

【原文】

训曰：朕自幼凡祭祀典礼，必亲行以致其诚敬。今因年老，于诸祭祀典礼身不能者，宁遣王公大臣恭代，断不苟且行之，以塞责也。今遣尔等恭代，亦必如朕之诚敬可矣。

【原文】

训曰：明朝十三陵，朕往观数次，亦尝祭奠。今未去多年，尔等亦当往观祭奠。遣尔等去一二次，则地方官、看守人等皆知敬谨。世祖章皇帝初进北京，明朝诸陵一毫未动。收崇祯之尸，特修陵园，以礼葬之。厥后亲往奠祭尽哀。至于诸陵，亦皆拜礼。观此，则我朝得天下之正，待前朝之厚，可谓超出往古矣。

【原文】

训曰：凡人平日必当涵养此心。朕昔足痛之时，转身艰难，足欲稍动，必赖两旁侍御①人挪移，少着手即不胜其痛。虽至于如此，朕但念自罹②之灾，与左右近侍谈笑自若，并无一毫躁性生忿，以至于苛责人也。二阿哥在德州病时，朕一日视之，正值其含怒，与近侍之人生忿。朕宽解之，曰："我等为人上者罹疾，却有许多人扶持任使，心犹不足。如彼内监，或是穷人，一遇疾病，谁为任使？虽有气忿，向谁出耶？"彼时左右侍立之人听朕斯言，无有不流涕者。凡此等处，汝等宜切记于心。

【注释】

①侍御：侍奉君王。

②罹（lí）：遭受。

【原文】

训曰：人于平日养身，以怯懦机警为上。未寒凉即增衣服，所食物稍不宜即禁忌之。愈谨慎愈怯懦，则大益于身。但观老大臣辈尽皆如此。朕每见伊等常以机心①戏之，然机心第不可用之于他处，若各用之于养身，其有益无比也。

【注释】

①机心：机巧之心，机变之心。

【原文】

一日，指案上所置贺兰国①铁尺，训曰：此铁尺既不曲，且无铁锈气味，尔等其知此乎？乃琢贺兰国刀而为之者。夫改兵器而设于书案，亦偃武修文②之意也。曩者西洋人安多见之，曾谓："刀者，兵器，人人见而畏之。今设于书案，人人见而喜持焉，亦极吉祥之事。"斯言最得理也。

【注释】

①贺兰国：即荷兰。

②偃武修文：停止武备，修明文教。

【原文】

训曰：中华城池地里^①图样，虽载于直省志书，但取其大概，而地里之远近，俱不得其准。朕以治历之法，按天上之度以准地里之远近，故毫无差忒^②。曾分道遣人，尽山川城郭而量其形势，南至沠国，北至俄罗斯，东至海滨，西至冈底斯，俱入度内，名为《皇舆全图》。又命善于丹青^③者精心绘出，刊刻成图，颁赐尔等，观此图方知我朝地舆之广大。祖宗累积，岂可轻视耶？既知创业之维艰，应虑守成之不易。朕惟祝告上天，俾天下苍生永乐此升平之世界耳。

【注释】

①地里：土地、山川等的环境形势。

②差忒：差错。

③丹青：绘画用的颜料，借指绘画。

【原文】

训曰：人生凡事固有定数，然而其中以人力夺天工者有之，如取火镜、指南针。一物之微，能参造化，至于推步^①七政^②之运行、寒暑之节候、日月之交蚀，皆时刻不爽。又若春耕夏耘，乃致西成^③秋获，苟徒恃天工，不尽人力，何以发造化之机，而时亮^④天工乎？

【注释】

①推步：推算天文历法等。

②七政：七曜，即日、月和金、木、水、火、土五星。

③西成：意为秋天庄稼已熟，农事告成。

④亮：辅助，帮助。

【原文】

训曰：汝等皆系皇子、王、阿哥富贵之人，当思各自保重身体。诸凡宜忌之处，必当忌之。凡秽恶之处，勿得身临。譬如出外所经行之地，倘遇不祥、不洁之物，即当遮掩躲避。古人云："千金之子，坐不垂堂①。"况于尔等身为皇子者乎？

【注释】

①垂堂：靠近堂屋檐下。檐瓦坠落可能伤人，故以"垂堂"比喻危险境地。

【原文】

训曰：为人上者，居处宫室虽贵洁净，然亦不可太过成癖。尝见有人过于好洁，其所居之室一日扫除数次，家下人着履者皆不许入。衣服少有沾污，即弃而不用。亲属所馈饮食俱不肯尝。此等人谓之犯"洁癖"。久之，反为身累。盖其性情识见鄙隘已甚，实非正心修身之大道，特语尔等知之。

【原文】

训曰：父母之于儿女，谁不怜爱？然亦不可过于娇养。若小儿过于娇养，不但饮食之失节，抑且不耐寒暑之相侵。即长大成人，非愚则痴。尝见王公大臣子弟中每有痴呆软弱者，皆其父母过于娇养之所致也。

【原文】

训曰：我朝旧制多合经书古典。满洲例，带马必以右手，牵犬必以左手。《礼记》即然。如斯类者尽有。

【原文】

训曰：古人一年四季出猎，若此则人劳，而禽兽亦不得遂其生。朕一年两季行幸①，春日水猎②，欲人之习于舟楫也；秋日出哨③，欲人之习于弓马也。若此则人不劳，而禽兽亦得遂其生。是故我朝之兵甚强健，所向无敌者，实朕使之以时，而养之以节之所致也。

【注释】

①行幸：古代专指皇帝出行。

②水猎：在水上打猎，捕鱼。

③出哨：骑马射猎。

【原文】

训曰：朕初次南巡阅河，各样船俱试坐之，皆不甚妥。厥后，朕亲指示作黄船，尽善尽美，极其坚固，虽遇大风浪，坐此船毫无可虑也。朕于大小事务必搜其本原，复咨于众，然后行之。

【原文】

训曰：黄、淮两河，关系漕运民生，最为重要。故朕不惮勤劳，屡亲巡阅，察其险易之形势，审其疏导之机宜，缓急次第，具有成画①。大修工程费以数百万计，岁修帑金②亦以数十万计。乃康熙三十七年，黄、淮并涨，总河③董安国不坚筑堤堰，疏通海口，因而河身垫高，以致倒灌洪泽湖口，湖水从六坝旁泄，由运河入下河，淹没民田。于是罢董安国，而以于成龙代之，授以治河方略。三十八年，亲往阅视，驻跸清口河干④，面谕于成龙，清口宜筑挑水坝，挑黄河，使趋北岸，始免倒灌清口之患，而于成龙未获成功。继用张鹏翮为总河，又令大臣官员往高堰筑堤，坚闭六坝，使洪泽湖水畅出清口。仍谕张鹏翮清口筑挑水坝，尤为紧要。此坝不筑，则黄水顶冲，断不能使向北岸，湖水必不得畅流。张鹏翮遵奉朕言，坝功筑成，黄流遂直趋陶庄，清水因以畅流。叠经伏秋⑤大涨，并无倒灌之事。又命浚⑥张福口等引河，筑归仁堤，疏人字、芒稻、泾、涧等河，开大通口，皆一一告竣⑦。曩时黄水泛涨，或与岸平，或漫溢四出；今黄河深通，河岸距水面数十余丈，纵遇大涨，亦可无虞⑧。此皆由朕深念河工国家大事，夙夜廑怀⑨，未尝少释。且简命⑩河臣，倚任甚切，所属官吏俱听选用，凡在河工大小官员并皆勉力赴工，共襄⑪河务之所致也。此系朕治河始末，特语尔等识之。

【注释】

①成画：确定的谋划。

②帑（tǎng）金：钱币，多指国库所藏钱币，公款。

③总河：明、清时期总理河道的官名。

④河干：河岸。

⑤伏秋：夏秋两季。

⑥浚：疏通。

⑦告竣：宣告事情完成或结束。

⑧无虞：没有忧虑。

⑨廑（qín）怀：放在心里，殷切挂念。廑，勤。

⑩简命：选派任命。

⑪襄：帮助。

【原文】

训曰：言治河者谓宜顺其入海之性，不宜障塞以与之争，此但言其理耳。今河决在七里沟，去海止四十余里，若听其顺流入海，既可不劳人功，亦且永无河患，岂不甚便？但淮以北二百里之运道遂成枯渠。国计所关，故不得不使其迂回而入淮河之故道，此由时势与古不同也。

【原文】

训曰：尔等荷蒙①朕恩，作王、贝勒、贝子，各自分家异居矣，但当谨遵国法，守尔等本分度日可也。尔等王职惟朝会大典，除此，凡外边诸事，不可干预。朕若命以事务，当视朕之所命尽心竭意，方不负朕之所用而贻人讥笑也。

【注释】

①荷蒙：承蒙。

【原文】

训曰：凡人养身，重在衣食。古人云："慎起居，节饮食。"然而衣服之系于人者亦为最要。如朕冬月衣服宁过于厚，却不用火炉。所以然者，盖为近火则衣必薄，出外行走，必致感寒。与其感寒而加服，何如未寒而先进衣乎？

【原文】

训曰：朕出猎在外，虽遇极寒时不下帽檐，面庞、耳轮一次未冻。然而寻常在家，衣必厚实。盖出猎在外，必预防寒冷。若寻常居家，偶尔出行，忽感寒气者有之，宜常防范。

【原文】

训曰：曩者一时作兴①吹筒②，吹者甚多，朕亦尝试之，不济于用，且甚伤人气，近来皆不用矣。与其用无益之物，何若暇时熟习弓马，不亦善乎？

【注释】

①作兴：兴起，风行。

②吹筒：猎具之一，用以诱捕鸟兽。

【原文】

训曰：朕用膳后必谈好事，或寓目于所作珍玩器皿。如是，则饮食易消，于身大有益也。

【原文】

训曰：子平①、六壬②、奇门③等学，俱系后世人按五行生克，互相敷演而成。其取义也虽极巧极精，然其神煞④名号尽是人之所定，揆⑤之正理，实难信也。世人习某件即偏于某件，以为甚深且奥，以夸耀于人。朕于暇时亦曾究心此等杂学，以考其根源，一一洞彻，知其不能确准，又焉能及古圣所传之大道耶？

【注释】

①子平：传说宋代有徐子平，精于星命之学，故后世术士宗之。因以"子平"指星命之学。

②六壬：用阴阳五行进行占卜凶吉的方法之一。

③奇门：术数的一种，盛行于南北朝时期。奇门来源于军事，涵盖了天时、地利、人和、神助等关乎事物成败的四大要素，以达到出奇制胜的目的。奇有三奇，用天干的乙、丙、丁表示。门有八门，开门、休门、生门、伤门、杜门、景门、死门、惊门。

④神煞：吉神和凶煞，源于远古神话传说，认为这些神煞能给人带来祸福。

⑤揆（kuí）：测度，度量。

【原文】

训曰：河图顺转而相生，洛书逆转而相克。盖生者所以成其体，而克者所以弘其用。《大禹谟》："水、火、金、木、土、谷惟修，以五行相克为次第。"可见相克是五行作用处。今术数家或以相克取财官，或以相克取发用①，亦此理也。

【注释】

①发用：使用，任用。

【原文】

训曰：人之一生虽云命定，然而命由心造，福自己求。如子平五星推人妻、财、子、禄及流年①、月建②，日后试之，多有不验。盖因人事未尽，天道难知。譬如推命③者言当显达，则自谓必得功名，而《诗》《书》不必诵读乎？言当富饶，则自谓坐致丰亨，而经营不必谋计乎？至谓一生无祸，则竟放心行险，恃以无恐乎？谓终身少病，则遂恣意荒淫，可保无虞乎？是皆徒听禄命，反令人堕志失业，不加修省，愚昧不明，莫此为甚。以朕之见，人若日行善事，命运虽凶，而可必其转吉；日行恶事，命运纵吉，而可必其反凶。是故"命"之一字，孔子罕言之也。

【注释】

①流年：又称小运。星命家认为，人每一年行一运，主一年

之吉凶。随年流转，故称流年。

②月建：指旧历每月所建之辰。古代以北斗七星斗柄的运转作为定季节的标准，将十二地支与十二月份相配，用以纪月，以通常冬至所在的十一月（夏历）配子，称建子之月，类推，十二月建丑，正月建寅，二月建卯，直到十月建亥，如此周而复始。

③推命：按照人出生时的星宿位置、运行情况，或按照人的生辰八字，推算人的命运。

【原文】

训曰：《易》云："天在山中，大畜。君子以多识前言往行，以畜其德。"夫多识前言往行①，要在读书。天人之蕴奥②在《易》，帝王之政事在《书》，性情之理在《诗》，节文之详在《礼》，圣人之褒贬在《春秋》，至于传记子史，皆所以羽翼③圣经④，记载往迹。展卷诵读，则日闻所未闻，智识精明，涵养深厚，故谓之"畜德"，非徒博闻强记、夸多斗靡⑤已也。学者各随分量所及，审其先后，而致功焉。其芜秽不经之书，浅陋之文，非徒无益，而反有损，勿令入目以误聪明可也。

【注释】

①前言往行：前代圣贤的言行。

②蕴奥：深奥的含义。

③羽翼：辅助，辅佐。

④圣经：圣人留下的经典，此处指上述儒家经典。

⑤夸多斗靡：读书或写文章以数量多少、辞藻华美与否争胜。

【原文】

训曰：圣贤之书所载，皆天地古今、万事万物之理。能因书以知理，则理有实用。由一理之微，可以包六合①之大；由一日之近，可以尽千古之远。世之读书者生乎百世之后，而欲知百世之前；处乎一室之间，而欲悉天下之理，非书曷②以致之？书之在天下，五经而下，若传③若史，诸子百家，上而天，下而地，中而人与物，固无一事之不具，亦无一理之不该④。学者诚即事而求之，则可以通三才，而兼备乎万事万物之理矣。虽然书不贵多而贵精，学必由博而致约，果能精而约之，以贯其多与博，合其大而极于无余，会⑤其全而备于有用，圣贤之道，岂外是哉？

【注释】

①六合：上下和四方，泛指天地或宇宙。

②曷（hé）：何，怎么。

③传（zhuàn）：解释经书的文字。

④该：包含。

⑤会：融汇。

【原文】

训曰：朕自幼好看书，今虽年高，万几①之暇，犹手不释卷。诚以天下事繁，日有万几，为君者一身处九重②之内，所知岂能尽乎？时常看书，知古人事，庶可以寡过。故朕理天下事五十余年，无甚差忒者，亦看书之益也。

【注释】

①万几：也作万机，指帝王日常事务纷繁。

②九重：指皇宫。

【原文】

训曰：凡人最要者，惟力行善道。能尽五伦①，而一心笃于行善，则天必眷祐，报之以祥。若徒口言善，而心存奸邪，决不为天所祐。是以古圣人惟欲人之止于至善②也。

【注释】

①五伦：封建礼教中的五种伦常关系，即君臣、父子、兄弟、夫妇、朋友。

②止于至善：到达并保持在最善的境地。

【原文】

训曰：好疑惑人非好事。我疑彼，彼之疑心益增。前者丹济拉来降之时，众皆谏朕宜防备之。朕心以为，丹济拉既已来降，即我之臣，何必疑焉？初至之日，即以朕之衣冠赐之，使进朕帐幄内，近坐赐食，旁无一人，与伊刀切肉食。彼时丹济拉因朕之诚心相待，感激涕零，终身奋勉尽力。又先时台湾贼叛，朕欲遣施琅，举朝大臣以为不可遣，去必叛。彼时朕召施琅至，面谕曰："举国人俱云汝至台湾必叛，朕意汝若不去台湾，断不能定汝之不叛。"

朕力保之，卒遣之。不日而台湾果定。此非不疑人之验乎？凡事开诚布公为善，防、疑无用也。

【原文】

训曰：年高之人理当厚待，怜恤之。且其年皆与我先辈年等，怜之敬之，则福寿亦增耳。

【原文】

训曰：朕自幼登极，生性最忌杀戮。历年以来，惟欲人善而又善。即位至今，公卿大臣保全者不记其数。即如幼年间，于田猎①之时，但以多戮禽兽为能；今渐渐年老，围②中所圈乏力之兽尚不忍于射杀。观此，则圣人所言"我欲仁，斯仁至矣"之语，诚至言也。

【注释】

①田猎：打猎。

②围：打猎的围场。

【原文】

训曰：饮食之制，义取诸鼎，圣人颐养①之道也。是故古者大烹②，为祭祀则用之，为宾客则用之，为养老则用之，岂以恣口腹为哉？《礼·王制》曰："诸侯无故不杀牛，大夫无故不杀羊，士无故不杀犬、豕，庶人无故不食珍。"《论语》曰："子钓而不网，弋不射宿③。"古之圣贤，其于牺牲禽鱼之类，取之也以时，用之也以节。是故朕之万寿，与夫年节，有备宴恭进者，即谕令少杀牲，正以天地好生，万物各具性情，而乐其天，人不得以口腹之甘而肆情炰脍④也。

【注释】

①颐养：保养。

②大烹：丰盛的饭菜。

③弋（yì）不射宿：弋射的方法从不对付休息的鸟兽。弋，用带绳子的箭射鸟。

④炰（páo）脍：烹调。炰，用火使熟。脍，细切的肉。

【原文】

训曰：字乃天地间之至宝，大而传古圣欲传之心法，小而记人心难记之琐事。能令古今人隔千百年觌面①共语，能使天下士隔千万里携手谈心，成人功名，佐人事业，开人识见，为人凭据，不思而得，不言而喻，岂非天地间之至宝？与以天地间之至宝而不惜之，糊窗粘壁，裹物衬衣，甚至委弃沟渠，不知禁戒，岂不可叹！故凡读书者一见字纸，必当收而归之箧笥②，异日投诸水火，使人不得作践可也。尔等切记！

【注释】

①觌（dí）面：见面。

②箧笥（qiè sì）：储物的竹器。

【原文】

训曰：孟子云："为政者每人而悦之，日亦不足矣。"是言也，诚得为政之要道。即如近河居民，地势洼下，阴雨稍多，即觉水涝；近山居民，地势高阜，数日不雨，即觉亢旱。天道尚然，何况人事？故为政者应持大体，府事允治^①，自然万世永赖。久安长治之道，未有以政徇^②人者也。孟子此言，深切政体^③，特语尔等知之。

【注释】

①府事允治：公平地处理公事。

②徇：曲从。

③政体：政治的要领。

【原文】

训曰：兹者^①一两年间，春夏之交稍旱，外边无知之人即妄言以为大旱。朕少时曾经正月至于六月不雨，朕于交泰殿前圈席墙，在内三昼夜虔祷，虽盐酱小菜，一毫不食。步至天坛祈雨，去时天尚晴明，礼毕将回，即降细雨。及出坛门，则大雨倾盆，田亩尽濡泽^②矣。今年未至若彼之旱，且朕年高，不能如彼时之斋戒^③步祷。身诚不能，乌用欺众为哉？此亦朕生性不务虚饰之一端也。

【注释】

①兹者：现在。

②濡泽：沾润。

③斋戒：举行祭祀前戒酒、肉、房事，沐浴更衣，以清心洁身。

【原文】

训曰：昔日太皇太后圣躬不豫，朕侍汤药三十五昼夜，衣不解带，目不交睫①，竭力尽心，惟恐圣祖母有所欲用而不能备。故凡坐卧所须，以及饮食肴馔，无不备具，如糜粥之类备有三十余品。其时圣祖母病势渐增，实不思食，有时故意索未备之品，不意随所欲用，一呼即至。圣祖母拊②朕之背，垂泣赞叹，曰："因我老病，汝日夜焦劳，竭尽心思，诸凡服用，以及饮食之类，无所不备。我实不思食，适所欲用，不过借此支吾，安慰汝心。谁知汝皆先令备在彼。如此竭诚体贴，肫肫③恳至，孝之至也。惟愿天下后世，人人法皇帝如此大孝可也。"

【注释】

①目不交睫：上下睫毛没有交合，即没有合眼。形容辛苦操劳。

②拊（fǔ）：抚摸。

③肫肫（zhūn zhūn）：诚恳的样子。

【原文】

训曰：人于凡事能顺理之自然，则于身有益。朕今年高，齿落殆半，诸凡食物，虽不能嚼，然朕心所欲食者，则必烹烂，或作醯①酱，以为下饭，并无一念自怨衰老。有自幼随朕近侍，时常以齿落身衰，不得食诸美味，行走之处不能及人为恨，每向人前诉苦。此皆由于见理未明，不能顺其自然之故也。朕鉴夫此，惟宽坦从容，以自颐养而已。

【注释】

①醢（hǎi）：肉酱。

【原文】

训曰：吾人年岁老而经事多，则自轻易不为人所诱。每见道士自夸修养得法，大言不惭，但多试几年，究竟如常人齿落须白，渐至老惫①。观此，凡世上之术士，俱欺诳人而已矣。神仙岂降临尘世哉？又有一等术士，立地数十年，或坐小屋几载，然能久坐者不能久立，能久立者不能久坐。可知其所以能此，乃邪魅②之术耳。此皆朕历试之而知其妄者也。

【注释】

①老惫：年老体衰。

②邪魅：邪怪不正。

【原文】

训曰：凡事暂时易，久则难。故凡人有说奇异事者，朕则曰："且待日久再看。"朕自八岁登极，理万几五十余年，何事未经？虚诈之徒一时所行之事，日后丑态毕露者甚多。此等纤细之伪，朕亦不即宣出，日久令自败露。一时之诈，实无益也。

【原文】

训曰：尔等惟知朕算术之精，却不知我学算之故。朕幼时，钦天监汉官与西洋人不睦，互相参劾①，几至大辟②。杨光先、汤若望于午门外九卿前当面赌测日影，奈九卿中无一知其法者。朕思己不知，焉能断人之是非？因自愤而学焉。今凡入算之法，累辑成书，条分缕析，后之学此者视此甚易，谁知朕当日苦心研究之难也。

【注释】

①参劾（hé）：到皇帝面前检举揭发罪状。
②大辟：古代五刑之一，死罪。

【原文】

训曰：音律之学，朕尝留心。爰知不制器无以审音，不准今①无以考古。音由器发，律自数生，是故不得其数，律无自生；不考以律，音不得正。雅俗固分，而声协则一；器虽代革，而音调则同。故曰："以六律正五音，今之乐由古之乐也。"朕考核诸音律谱，按《性理》内《律吕新书》黄钟律分围径长短，准以古尺，损益相生十二律吕，制为管而审其音。复以黄钟之积加分减分，制诸乐器而和其调。实以黍而数合，播诸乐而音谐。因著为书，辨其疑，阐其义，正律审音，和声定乐，条分缕析，一一详明。盖天地之元声，亘古今而莫易，联中外以大同。六合之内，四海之外，此音同，此理同也。百世之上，百世之下，此理同，此音同也。是故不知古乐而溺于今，非特不知古，并不知今也。必复古乐而不屑于今，非特不知今，终亦无从复古也。

【注释】

①准今：比照今天的情况。

【原文】

训曰：声音之道，以和为本。故《书》曰："八音克①谐，无相夺伦②，神人以和。"尝见近世之人事，儒学者空谈理数，拘守旧闻，而于声、字之义，鄙而不讲；工师则专肆③声音，熟谙字谱，而于音、律之原，茫然无知。殊不知"工""尺"等字，即宫、商之省文也。"工""凡""六""五""乙""上""尺"七字，而五声二变，亦七音。"工""尺"七字有出调，而五声二变亦旋宫④，旋宫则转调⑤，而当二变者则出调。古圣立法，原自简易，而后之人反从难处探索奥理，却不知说愈繁而理愈晦。古之雅乐，惟用五正声，而间以二变，谓之"七音"。今之南曲亦止用五字，而出调二字不用。北曲则杂以出调二字，名曰"北调"。然则古乐今曲何尝不以正变之声而为宫调之准则耶？要之，乐以太和⑥为本。是以古圣王惟得中声以定大乐，故与天地同和，荐之郊庙而神鬼享，奏之朝廷而人心风俗以淳也。

【注释】

①克：能。

②夺伦：失去条理次序。

③肄：学习，练习。

④旋宫：中国古代乐理术语，指宫音在十二律上的位置有所移动时，商、角、徵、羽各阶在十二律上的位置随之相应移动。

⑤转调：由于曲调的主音由不同阶名的音来担任而造成的调式转换。

⑥太和：天地间冲和之气。

【原文】

训曰：今者各国海外诸物毕至，珍禽奇兽，耳之所未闻、书传之所记者，皆得见之。且畜养而孳生者亦有之。即此观之，凡物各遂①其性，虽禽兽亦如其本地之生育焉。汝等如此少年，甚至于孩提②之童，遽③能见此各种禽兽，岂可易视也与。

【注释】

①遂：依顺。

②孩提：刚会笑尚需提抱的婴儿。

③遽：遂，就。

【原文】

训曰：产狮之西洋国极远，即彼处亦难得之，得则进贡中国。今西洋国进贡之狮，朕心以为无甚奇处，但念彼自极远处进奉，嘉其诚心，不便发回，所以收养耳。朕不好奇物也。

【原文】

训曰：古史书载，出宫女三千，以为大德。明时宫女至数千，脂粉钱至百万。今朕宫中计使女恰才三百，况朕未近使之宫女年近三十者，即出与其父母，令婚配。汝等皆系朕子，如此等处，宜效法行之。

【原文】

训曰：满洲人最忌令人扶掖，是故朕至如是之年，尚且不令人扶掖，不持拄杖。起坐时，人但少助而已，一立，即不用扶矣。闲坐，亦不凭倚。今之少年反令人扶掖，两手搀臂，观之甚是可厌。既无病，又无故，如此举动，诚为怪异，亦特无福之态耳。又有一等人，年纪不相称即用柱杖，复何心哉？此等处朕实不解，尔等仍当以我朝前辈所忌讳处戒之可也。

【原文】

训曰：古昔征战尝用弩箭，至我朝时，弓矢甚利，故弃弩箭而不用。今苗蛮人尚用弩箭者，彼处尽大山深涧，伊等鸟枪少，而弓矢又不能远射，故仍用弩箭。朕近日制弩试之，所至固远，然不得准，贯革①力亦微。上弩而又加箭，亦不甚便，但平日作玩具可耳，实在应用之处，则不可恃。如我朝之弓矢，连射不误，贯革①力大，迎敌者如何对立？是故自古以来，各种兵器能如我朝之弓矢者，断未之有也。

【注释】

①贯革：射穿甲革。

【原文】

训曰：古之圣人，平水土，教稼穑，辨其所宜，导民耕种而五谷成熟。孟子曰："五谷熟而民人育。"则人之赖于五谷者甚重。尝思夫天地之生成，农民之力作，风雷雨露之长养，耕耘收获之勤劳，五谷之熟岂易易耶？《礼·月令》曰："天子以元日①祈谷于上帝。"凡为民生粒食②计者至切矣，而人何得而轻亵之乎？奈何世之人惟知贵金玉而不知重五谷，或狼籍于场圃，或委弃于道路，甚至有污秽于粪土者。轻亵如此，岂所以敬天乎？夫歉岁③谷少，固当珍重；而稔岁④谷多，尤当爱惜。《诗》曰："粒我蒸民，莫匪尔极。贻我来牟，帝命率育⑤。"噫嘻，重哉！

【注释】

①元日：吉日。

②粒食：以谷物为食。

③歉岁：荒年。

④稔岁：丰年。

⑤粒我蒸民，莫匪尔极。贻我来牟，帝命率育：语出《诗

经·周颂·思文》。大意为先祖后稷养育了我们广大民众，恩德至高无上，留给我们优良的麦种，上天命我们养育万代子孙。粒，养育之意。蒸民，众民。贻，留下。来牟，麦子，来为小麦，牟为大麦。

【原文】

训曰：每岁自南方漕运米粮一石，费银数两，盖因地远难致之故。不肖兵丁不知运粮之艰，既得粮米，因暂时有余，遂卖银钱，以供几次饱餐醉饮。及米不继之时，妻子又皆不免饥饿。此等处朕知之甚悉，故放米之时，屡降严旨于管辖人等，严禁奢费与卖米者，特为兵丁之生计也。无知之人以兵丁卖米为小事，不知米者，养人之本，为人上者不留心省察，可乎？

【原文】

训曰：世之财物，天地所生以养人者有限，人若节用，自可有余，奢用则顷刻尽耳，何处得增益耶？朕为帝王，何等物不可用？然而朕之衣食毫无过费，所以然者，特为天地所生有限之财而惜之也。

【原文】

训曰：凡人处世，有政事者，政事为务；有家计①者，家计为务；有经营者，经营为务；有农业者，农业为务；而读书者，读书为务。即无事务者，亦当以一艺一业而消遣岁月。奈何好赌博之人，身家不计，性命不顾，愚痴如是之甚。假赌博之名以攘②人财，与盗无异。利人之失，以为己得。始而贪人所有，陷人坑阱；既而吝惜情生，妄想复本，苦恋局内，囊罄产尽，以致无食无居，荡家败业。虽密友至戚，一入赌场，顷刻反颜，一钱得失，怒詈旋③兴，雅、道俱伤，结怨结仇，莫此为甚。且好赌博者名利两失，齿④虽少，人即料其无成；家正殷⑤，人决知其必败。沉溺不返，污下⑥同群，骨肉轻贱，亲朋笑耻，种种败害，相因而起，果何乐、何利而为之哉？朕是以严赌博之禁，凡有犯者，必加倍治罪，断不轻恕。

【注释】

①家计：家庭事务。

②攘（rǎng）：侵夺，偷窃。

③旋：立即。

④齿：年龄。

⑤殷：殷实，富有。

⑥污下：邪恶下流的人。

【原文】

训曰：人承祖父之遗，衣食无缺，此为大幸，便当读书乐志，安分修为。若家贫，亦惟勤学力行，为乡党①所重。孔子曰："素富贵，行乎富贵；素贫贱，行乎贫贱。"孟子曰："富贵不能淫，贫贱不能移。"此是圣贤立志之根本，操存②之要道也。

【注释】

①乡党：乡里。

②操存：操守。

【原文】

训曰：朕因大庆之年①，特集勋旧②与众老臣，赐以筵宴，使宗室子孙进馔奉觞③者，乃朕之所以尊高年，而冀福泽之及于宗族子孙也。观朕之君臣如此，须鬓皆白，数百人坐于一处，饮食筵宴，其吉祥喜庆之气，洋溢于殿庭中矣。且年高之人多自伤自叹，今荷朕恩礼，归家各以告其子孙，借此快乐，以益寿考，即养生之道也。

【注释】

①大庆之年：指整七十岁。语出王羲之书《淳化阁帖·十七帖》："足下今年足七十耶？知体气常佳，此大庆也。"

②勋旧：有功勋的旧臣。

③进馔奉觞：送上食物，举杯敬酒。

【原文】

训曰：朕自幼所读之书，所办之事，至今不忘。今虽年迈，记性仍然。此皆素日心内清明之所致也。人能清心寡欲，不惟少忘，且病亦鲜也。

【原文】

训曰：凡书生颂扬君上，或吟咏诗赋，欲称其善，必先举之短，而后方颂言之。每以媲①三皇、迈②五帝、超越百王为言，此岂非太过乎？诗中有云："欲笑周文歌宴镐③，还轻汉武乐横汾④。"譬之欲言此人之善，必先指他人之恶。朕意不然。彼善而我亦善，岂不美哉？总之，欲言人之善，但言某人之善而已，何必及他人之恶？是皆由度量窄狭，而心不能平也。朕深不然之。

【注释】

①媲：匹敌。

②迈：超越。

③歌宴镐（hào）：指周文王与周公旦在镐京宴乐事。后引申为天下太平、君臣同乐之典故。

④乐横汾：汉武帝曾巡幸河东郡，在汾水楼船上与群臣宴饮取乐。

【原文】

训曰：朱子云："大率古人作诗与今人一般，其间亦自有感物道情，吟咏情性，几时尽是讥刺他人？只缘序者立例，篇篇作美刺说，将诗人意思尽穿凿①坏矣。即如唐人工于诗者，应制②赋诗，后人解之，以为讥刺朝廷，其于前人不太冤耶？"朱子此言最公，深得诗人之意。

【注释】

①穿凿：强做解说，于理不通。

②应制：古代应皇帝之命作诗称为应制，这类作品称为应制诗。

【原文】

训曰：唐人诗命意高远，用事①清新，吟咏再三，意味不穷。近代人诗虽工，然英华②外露，终乏唐人深厚雄浑之气。

【注释】

①用事：用典。
②英华：指诗的文采。

【原文】

训曰：孔子云："君子有三戒：少之时血气未定，戒之在色；及其壮也，血气方刚，戒之在斗；及其老也，血气既衰，戒之在得①。"朕今年高，戒色、戒斗之时已过，惟或贪得是所当戒。朕为人君，何所用而不得，何所取而不能，尚有贪得之理乎？万一有此等处，亦当以圣人之言为戒。尔等有血气方刚者，亦有血气未定者，当以圣人所戒之语各存诸心，而深以为戒也。

【注释】

①得：贪得，贪求一切名誉、地位、财物等。

【原文】

训曰：孔子云："民可使由①之，不可使知之。"诚为政之至要。朕居位六十余年，何政未行？看来，凡有益于人之事，我知之确，即当行之。在彼小人^②，惟知目前侥幸，而不念日后久远之计也。凡圣人一言一语，皆至道存焉。

【注释】

①由：遵从，遵照。

②小人：小民。

【原文】

训曰：盛京年例^①，俱系步围^②。朕初次至盛京时，行围不远，即连见两三虎，步行人有被爪伤者，虽不致命，实视之不忍。本处将军、都统目为寻常，朕遂深责之曰："田猎原为游豫^③，今目睹伤人若是，何以猎为？今后步围永行禁止。"自是年至今，已四十余年矣。不然，被伤者何所底止^④？此四十余年，所生全者岂少哉？

【注释】

①年例：每年如此的常例。

②步围：步行打猎。

③游豫：取乐。

④底止：终止。

【原文】

训曰：人有病，请医疗治，必以病之始末详告，医者乃可意会，而治之亦易。往往有人不以病原告之，反试医人之能识其病与否，以为论难①，则是自误其身矣。又病各不同，有一二剂药即瘳者，亦有一二剂药不能即瘳②者。若急望效，以一二剂药不见病减，频换医人，乃自损其身也。凡人皆宜记此。

【注释】

①论难：诘难，拿问题难倒对方。

②瘳（chōu）：病愈。

【原文】

训曰：古人有言："不药得中医①。"非谓病不用药也，恐其误投耳。盖脉理②至微，医理至深。古之医圣医贤，无理不阐，无书不备，天良在念，济世存心，不务声名，不计货利，自然审究详明，推寻备细，立方③切症，用药通神。今之医生若肯以应酬之工用于诵读之际，推求奥妙，研究深微，审医案④，探脉理，治人之病如己之病，不务名利，不分贵贱，则临症必有一番心思，用药必有一番识见，施而必应，感而遂通，鲜有不能取效者矣。延医⑤者慎之。

【注释】

①不药得中医：不吃药是符合医理的。意思是得病先观察一下，暂时不吃药。

②脉理：医术。

③立方：开药方。

④医案：中医治病时对有关症状、处方、用药等的记录。

⑤延医：请医生看病。

【原文】

训曰：医药之系于人也大矣。古人立方各有定见，必先洞察病源，方可对症施治。近世之人多有自称家传妙方，可治某病。病家草率，遂求而服之，往往药不对症，以致误事不小。又尝见药微如粟粒，而力等大剂，此等非金石①之酷烈，即草木中之大毒。若或药投其症，服之可已，万一不投，不惟不能治病，而反受其害。其误人也，可胜言哉！故孔子曰："某未达不敢尝。"正为此也。

【注释】

①金石：指古代丹药。

【原文】

训曰：灸病①者非美事，而身亦徒苦。朕年少时尝灸病，厥后受亏，即艾味亦恶闻矣，闻即头痛。徒灸无益，尔等切记，勿轻于灸病也。

【注释】

①灸病：用艾叶等制成的艾炷或艾卷，烧灼或熏烤人体穴位，用以治病。

【原文】

训曰：书法为六艺①之一，而游艺②为圣学③之成功，以其为心体所寓也。朕自幼嗜书法，凡见古人墨迹，必临一过④。所临之条幅手卷，将及万余，赏赐人者，不下数千。天下有名庙宇禅林⑤，无一处无朕御书匾额，约计其数，亦有千余。大概书法心正则笔正，书大字如小字。此正古人所谓"心正气和，掌虚指实，得之于心而应之于手"也。

【注释】

①六艺：古代教育的六项内容，即礼、乐、射、御（驾车）、书、数（计算）。

②游艺：优游于六艺之中。后泛指学艺的修养。

③圣学：孔子之学，儒家学问。

④过：量词，遍，次。

⑤禅林：佛教寺院的别称。

【原文】

训曰：善书法者，虽多出天性，大半尤恃勤学。朕自幼好书，今年老，虽极匆忙时，必书几行字，一日亦未间断，是故犹未至于荒废。人勤习一事，则身增一艺，若荒疏，即废弃也。

【原文】

训曰：凡人彼此取与①，在所不免。人之生辰，或遇吉事，与之以物，必择其人所需用，或其平日所好之物，赠之始足以尽我之心。不然，但以人与我何物，而我亦以

其物报之，是彼此易物名而已矣，毫无实意。此等处凡人皆
宜留心。

【注释】

①取与：收受和给予。

【原文】

训曰：孟子云："或劳心，或劳力。劳心者治人，劳力
者治于人。"朕即位多年，虽一时一刻，此心不放①。为人
君者但能为天下民生忧心，则天自祐之。

【注释】

①放：指解除心中的忧虑。

【原文】

训曰：朱子云："圣贤立言本自平易，而平易之中其旨
无穷。今必推之使高，凿之使深，是未必真能高深而已，
离其本指①，丧其平易、无穷之味矣。"此最要处也。自汉
以来，儒者世出②，将圣人经书多般讲解，愈解而愈难解
矣。至宋时，朱子辈注四书五经，发出一定不易之理，故
便于后人。朱子辈有功于圣人经书者，可谓大矣。是以朕
训尔等，但以经书为要者，亦此故也。

【注释】

①本指：本意。

②世出：不时出现。

【原文】

训曰：凡人学艺，即如百工习业，必始于易，而步步循序渐进焉，心志不可急遽也。《中庸》云："譬如行远，必自迩；譬如登高，必自卑。"人之学艺，亦当以此言为训也。

【原文】

训曰：《书》云："同律度量衡①。"《论语》曰："谨权量。"盖为禁贪风，除欺诈，所以平物价而一人情也。今市廛②之上，间阎③之中，日用最切者，无过于丈尺、升斗平法④。其间长短、大小亦或有不同，而要皆以部颁度量衡法为准。通融合算，均归画一，则不同而实同也。盖以大同者定制度，而随俗者便民情，斯为善政。自上古以迄于今，几千百年，度量权衡改易非一，苟一旦必欲强而同之，非惟无益于民，抑且有妨于治道，此又不可不留心讲究者也。

【注释】

①同律度量衡：统一律管和计量单位。

②市廛（chán）：店铺集中的地方。

③间（lú）阎：里巷内外的门。后多借指里巷。

④平法：平准之法，平抑物价之法。

【原文】

训曰：吉、凶、军、宾、嘉五礼之期，必选择日、时者，乃古人趋吉避凶之义。《诗》曰："吉日维戊，吉日庚午。"《礼》曰："外事用刚日^①，内事用柔日。"朱子注《孟子》曰："天时者，时、日、支干、孤虚^②、王相之属也。"要以五行之生克为用，干支之刑冲^③合会为断耳。世俗相沿已久，而吉凶之理推原于《易》，是故我等尊贵之人凡有出行移徙之类，自宜选择日、时。然而既用选择之日，则尤当用其选择之时，甚勿以日之吉而忽于时之吉也。选择家云："选日必当选时，吉日不如吉时。"正谓此也。

【注释】

①刚日：单日。下文的"柔日"即双日。

②孤虚：古代方术用语。

③刑冲：星相术语，指地支中相妨害的两类情况。

【原文】

训曰：《论语》云："子贡问为仁。子曰：'工欲善其事，必先利其器。'"此言实为学制事^①之要也。即如今之读书人欲应试也，必平日所学渊深，所记广博，自然写得出。凡遇一事，经历多者，按则例^②而理之，则失者少。此即器利而事自善之理也。

①制事：裁断事务，处理事情。

②则例：依据法令或成案作为参考。

【原文】

训曰：朕今年近七十，尝见一家祖、父、子、孙凡四五世者。大抵家世孝敬，其子孙必获富贵，长享吉庆。彼行恶者，子孙或穷败不堪，或不肖而陷于罪戾，以至凶事牵连。如此等，朕所见多矣。由此观之，惟善可遗福于子孙也。

【原文】

训曰：朕于各处行伍中效力行走①之人，时常唤来与之谈论者，盖因我朝太平已久，今之少年于行兵之道未尝经历，若问此等行军之旧人，则功臣之子孙得闻伊祖父效力行走之处，亦欢喜鼓舞，循其祖父之迹而黾勉力行之也。

【注释】

①行走：有本来官职而被指派到其他地方做事的称行走。

【原文】

训曰：我朝旧典，断不可失。朕幼时所见老先辈极多，故服、食、器用皆按我朝古制，毫未变更。今住京师已七十余年，居此汉地，八旗满洲后生微微染于汉习者未免有之，惟在我等在上之人常念及此，时时训戒。在昔金、元二代，后世君长因居汉地年久，渐入汉俗，竟如汉人者有之。朕深鉴此，而屡训尔等者，诚为我朝之首务，命尔等人人紧记，着意谨遵故也。

【原文】

训曰：我朝祖宗开创以来，弧矢①之利，以威天下，伐暴安民，平定海内。今朕上荷祖宗庇荫，坐致升平，岂可一日不事讲习？故朕日率尔诸皇子及近御侍卫人等，射侯②射鹄③，备仪备典。八旗官兵以时试肆，朕常临御教场，历观兵卒，等其优劣，赏赐褒嘉，黜陟④劝勉。故尔旗分佐领各各娴习弓马，武备足观。《礼》曰："男子生，桑弧蓬矢⑤六，以射天地四方。"天地四方者，男子所有事也，故必先志于其所有事。又曰："射者，进退周旋必中礼，内志正，外体直。"又曰："立德行者莫如射。"而"射者，所以观德也"。故"孔子射于矍相之圃，盖观者如堵墙"。《易》曰："射隼射雉。"《诗》曰："决拾⑥既佽⑦，弓矢既调。""角弓其觩，束矢其搜⑧。""敦弓⑨既坚，四镞⑩既钧；舍矢既均，序宾以贤。"《书》曰："若射之有志。"子曰："射不主皮，为力不同科。""射有似乎君子，失诸正鹄，反求诸其身。"周礼以射法治射仪，然则古圣经书射以垂训，历历可监。习射上功，宾兴⑪择士，况我国家立德立功，振兴要务，自当严加训练，多方教谕，不可一刻废懈也。

【注释】

①弧矢：弓箭。

②侯：用兽皮或布做的靶子。

③鹄：箭靶的中心。

④黜陟：人才的进退，官吏的升降。

⑤桑弧蓬矢：古代男子出生，以桑木做弓，蓬草为矢，射天四方，象征男儿应志在四方。

⑥决拾：古代射箭用具。决为扳指，拾为套袖。

⑦佽（cì）：排列有序。

⑧角弓其觩（qiú），束矢其搜：语出《诗经·鲁颂·泮水》。大意为兽角镶嵌的弓弯弯曲曲，一束束利箭非常多。

⑨敦弓：雕饰之弓，为古代帝王专用。

⑩镞（hóu）：箭头。

⑪宾兴：周代举贤之法。

【原文】

训曰：射、御居六艺之中，二者相资为用。古人御车虽见于经史，然其法不可得而详。而我朝满洲骑射，其功用则有不可胜言者。盖骑射之道，必自幼习成，方得精熟。未有不善于驭马，而能精于骑射者也。抑且乘骑不惮，方克善驭。如我朝满洲并外藩诸蒙古，以及索伦、达呼里等俱娴于骑射者。盖因自幼乘马，十余岁即能驰骋，故尔马上纯熟，善于控御也。当狝狩①之时，猎骑云屯，风生电发，其中精于骑射者，人马相得，上下如飞，磬控②迫禽，发矢必获。观之令人心目俱爽，诚所谓"不失其驰，舍矢如破"也。夫善驭马者之逐兽也，驰驱应范，远近合宜。即马之调习者，亦知人意之所向，兽远而就之使近，兽合而开之如法。恰当发矢之时，另有一番努力之状。是惟良骥为然也。复有人精于驭马者，不择优劣，乘之惟见其佳。盖人能显马，而马亦能显人也。

【注释】

①狝（xiǎn）狩：秋猎。秋季打猎称狝。

②磬控：纵马和止马，泛指驭马。

【原文】

训曰：朕自幼登极，迄今六十余年，偶遇地震水旱，必深自儆省①，故灾变即时消灭。大凡天变灾异，不必惊惶失措，惟反躬自省，忏悔改过，自然转祸为福。《书》云："惠迪吉，从逆凶，惟影响②。"固理之必然也。

【注释】

①儆省：警诫，反省。

②惠迪吉，从逆凶，惟影响：语出《尚书·大禹谟》。大意为顺着天道而行就会吉祥，违背天道而行就会招来祸患，这两者的关系如影随形，如回响之于声音。惠，顺。迪，道。

【原文】

训曰：孟子云："大人者，不失其赤子之心者也。"赤子之心者，乃人生之真性，即上古之淳朴处也。我朝满洲制度亦然。满洲故制，看来虽似鄙陋，其一种真诚处，又岂易得者哉？我等读书，宜达书中之理，穷究古人立言之意也。

【原文】

训曰：凡人有训人、治人之职者，必身先之可也。《大学》有云："君子有诸己，而后求诸人；无诸己，而后非诸人。"特为身先而言也。

【原文】

训曰：天下事固有一定之理，然有一等事，如此似乎可行，又有不可行之处；有一等事，如此似乎不可行，又有可行之处。若此等事在，以义理揆之，决不可豫定一必如此、必不如此之心。是故孔子云："君子之于天下也，无适①也，无莫也，义之与比②。"

【注释】

①适：一定的主张。
②比：依附，附和。

【原文】

训曰：凡人读书或学艺，每自谓不能者，乃自误其身也。《中庸》有云："有弗学，学之弗能弗措①也……人一能之，己百之；人十能之，己千之。果能此道矣，虽愚必明，虽柔必强。"实为学最有益之言也。

【注释】

①弗能弗措：学不会就不放弃。

【原文】

训曰：人于好恶之心，难得其正。我所喜之人，惟见其善，而不见其恶；若所恶之人，惟见其恶，而不见其善。是故《大学》有云："好而知其恶，恶而知其美者，天下鲜矣。"诚至言也。

【原文】

训曰：孟子云："持其志，无暴①其气。"人欲养身，亦不出此两言。何也？诚能无暴其气，则气自然平和；能持其志，则心志不为外物所摇，自然安定。养身之道，犹有过于此者乎？

【注释】

①暴：乱。

【原文】

训曰：人之一生，多由习气而成。盖自孩提以至十余岁，此数年间，浑然天理，知识未判，一习学业，则有近朱、近墨之分。及至成人，士、农、工、商，各随其习，习以成风，虽父兄之于子弟，亦不能令其习好同也。故孔子曰："性相近也，习相远也。"有必然者。

【原文】

　　训曰：程子云："有实则有名，名、实一物也。若夫好名者，则徇名①为虚矣。如'君子疾没世而名不称②'，谓无善可称耳，非徇名也。看来有一等好名之人，惟名是务，不着一毫诚实之处，只管行去。不惟无分毫之实，究至于名亦不能保。"程子此言，可谓力行之要道也。

【注释】

　　①徇名：强求虚名。
　　②君子疾没世而名不称：君子的遗憾是到死也不被人称颂。

【原文】

　　训曰：程子云："所谓利者，不独财利之利，凡有利心便不可。如作一事，但寻自己稳便处，皆利心也。圣人以义为利，义安处便是利。凡人惟弃利己之心，以求义之所安，则为忠臣者亦此道，为孝子者亦此道。"人人皆当以此语为至教而奉行之也。

【原文】

　　训曰：荀子云："身劳而心安者为之，利少而义多者为之。"此二语简而要。人之一世，能依此二语行之，过差何由而生？

【原文】

　　训曰：朱子云："人作不好底事，心却不安，此是良心。但被私欲蔽锢①，虽有端倪，无力争得出，须是着力与他战，不可输与他。知得此事不好，立定脚跟硬地行，从好路去，待得熟时，私欲自住不得。"此一节语，乃人立心之最要处。良心能胜私欲，为圣为贤，皆此路也。欲立身心者，当详究斯言。

【注释】

①蔽锢：遮掩，隐匿。

【原文】

训曰：朱子云："读书之法，当循序而有常，致一而不懈，从容乎句读文义之间，而体验乎操存践履①之实，然后心静理明，渐见意味。不然，则虽广求博取，日诵五车②，亦奚益于学哉？"此言乃读书之至要也。人之读书，本欲存诸心，体诸身，而求实得于己也。如不然，将书泛然读之，何用？凡读书人皆宜奉此以为训也。

【注释】

①践履：实践，实行。
②五车：形容书多。

【原文】

训曰：朱子云："读书须读到不忍舍处，方足得书真味。若读之数过，略晓其义，即厌之，欲别求书者，则是于此一卷书犹未得趣也。"此言极是。朕自幼亦尝发愤读书、看书，当其读某一经之时，固讲论而切记之。年来翻阅，其中复有宜详解者。朱子斯言，凡读书者皆宜知之。

【原文】

训曰：凡人进德修业，事事从读书起。多读书则嗜欲淡，嗜欲淡则费用省，费用省则营求少，营求少则立品高。读书之法，以经为主。苟经术深邃，然后观史。观史则能知人之贤愚，遇事得失亦易明了。故凡事可论贵贱老少，惟读书不问贵贱老少。读书一卷，则有一卷之益；读书一日，则有一日之益。此夫子所以发愤忘食，学如不及也。

【原文】

训曰：从来有生知，有学知，有困知①，及其成功，则一。未有下学既久，而不可以上达者。但功夫不可躐等②而进，尤不可半途而废。《书》云："为山九仞，功亏一篑。"正为半途而废者惜也。

【注释】

①困知：遇到了困难才去学习因而懂得的知识。
②躐（liè）等：逾越等级，指学习上不循序渐进。

【原文】

训曰：为学之功，不在日用之外。检身则谨言慎行，居家则事亲敬长，穷理则读书讲义。至近至易，即今便可用力；至急至切，即今便当用力。用一日之力，便有一日之效。至有所疑，寻人问难，则长进通达，自不可量。若即今全不用力，蹉过①少壮时光，即使他日得圣贤而师之，亦未必能有益也。

【注释】

①蹉过：错过，错失。

【原文】

训曰：人在幼稚，精神专一通利。长成以后，则思虑散逸外驰。是故应须早学，勿失机会。朕七八岁所读之经书，至今五六十年犹不遗忘。至于二十以外所读经书，数月不温即至荒疏矣。然人或有幼年遭逢坎壈①，失于早学，则于盛年尤当励志。盖幼而学者，如日出之光；壮而学者，如炳烛②之光。虽学之迟者，亦犹贤乎始终不学者也。

【注释】

①坎壈（lǎn）：困顿，失意。

②炳烛：点燃蜡烛。

【原文】

训曰：为学之功，有三等焉。汲汲①然者，上也；悠悠然者，次也；懵懵然者，又其次也。然而懵懵者非不向学，心未达也。诱而达之，安知懵懵者之不为汲汲也？惟悠悠者最为害道，因循苟且，一暴十寒②，以至皓首没世，亦犹夫人而已。古之圣人进修贵勇，如汤之《盘铭》曰："苟日新，日日新，又日新。"夫岂有瞬息悠悠之意哉？孔子曰："有能一日用其力于仁矣乎？"盖深悯学者之悠悠，而冀其奋然用力也。学而能日新，则缉熙③不已，造次④无忘，旧习渐渐而消，至趣循循而入，欲罢不能，莫知所以然而然。故诗人美汤曰："圣敬日跻⑤也。"

【注释】

①汲汲：急切的样子。

②一暴十寒：晒一天，冻十天。比喻懈怠时多，努力时少。暴，同"曝"，晒。

③缉熙：光明，借指发扬光大。

④造次：须臾，片刻。

⑤圣敬日跻：圣人的德行日益增进。

【原文】

训曰：先儒有言："穷理非一端，所得非一处。或在读书上得之，或在讲论上得之，或在思虑上得之，或在行事上得之。读书得之虽多，讲论得之尤速，思虑得之最深，行事得之最实。"此语极为切当，有志于格物致知之学者，其宜知之。

【原文】

训曰：春至时和①，百花尚铺一段锦绣，好鸟且啭无数佳音，何况为人在世，幸遇升平，安居乐业，自当立一番好言，行一番好事，使无愧于今生，方为从化②之良民，而无憾于盛世矣。朕深望之。

【注释】

①时和：天气和顺。

②从化：归化，归顺。

【原文】

训曰：天下未有过不去之事，忍耐一时，便觉无事，即如乡党邻里间，每以鸡犬等类些微之事致起讼端，经官告理①。或因一语戏谑，以致角口争斗。此皆由不能忍一时之小忿，而成争讼之大端也。孔子曰："小不忍则乱大谋。"圣人之言，至理存焉。

【注释】

①告理：告状和申辩。

【原文】

训曰：古人云："尽人事①以听天命。"至哉，是言乎！盖人事尽而天理见，犹治农业者耕垦宜常勤，而丰歉所不可必也。不尽人事者，是舍其田而弗芸②也；不安于静听者，是揠③苗而助之长者也。孔子进以礼，退以义，所以尽人事也。得之不得曰"有命"，是听天命也。

【注释】

①人事：指人的主观努力。

②芸：同"耘"，除草。

③揠（yà）：拔。

【原文】

训曰：子曰："吾非斯人之徒与，而谁与？"人生斯世，自少而壮，自壮而老，孰能一日不与斯世、斯人相周旋耶？顾应之得其道，我与世相安；应之不得其道，则世与我相违。庄子曰："人能虚己①以游世，其孰能害之？"此言善矣。

【注释】

①虚己：无我。

【原文】

训曰：学以养心，亦所以养身。盖杂念不起，则灵府①清明，血气和平，疾莫之撄②，善端油然而生，是内外交相养也。

【注释】

①灵府：精神之宅，指心。

②撄（yíng）：触犯。

【原文】

训曰：庄子曰："毋劳汝形，毋摇汝精。"又引庚桑子之言曰："毋使汝思虑营营①。"盖寡思虑所以养神，寡嗜欲所以养精，寡言语所以养气，知乎此可以养生。是故形者，生之器也；心者，形之主也；神者，心之会也。神静而心和，心和而形全。恬静养神，则自安于内；清虚栖心②，则不诱于外。神静心清，则形无所累矣。

【注释】

①营营：形容内心急躁不安。

②清虚栖心：寄心于清静虚无。

【原文】

训曰：劝戒之词，古今名论，亹亹①书记②中无处不有。其殷勤痛切，反复丁宁，要之，欲人听信遵行而已。夫千百年以下之人，与千百年以上之人，何所关切，而谆谆训戒若此，盖欲一句名言，提醒千百年以下之人，使知前车之覆，而为后车之戒也。后学读圣贤书，看古人如此血诚③教人念头，岂可草草略过？是故朕常教人看古人书，须念作者苦心，甚勿负前人接引后学之至意也。

【注释】

①亹亹（wěi wěi）：不知疲倦的样子。

②书记：此处指书籍。

③血诚：赤诚，出自内心深处的诚意。

钦定四库全书《庭训格言》提要

臣等谨案：

《庭训格言》一卷，雍正八年世宗宪皇帝追述圣祖仁皇帝天语，亲录成编，凡二百四十有六则，皆《实录》《圣训》所未及载者。盖我世宗宪皇帝至孝承颜①，特蒙眷注②，宫闱问视之暇，从容温谕③，指示独详。而帝德同符，心源默合，聆受亦能独契。故绅绎④旧闻，编摩宝帙⑤，敷由皇极⑥，方轨⑦六经。粤⑧三皇五帝，以逮于禹、汤、文、武，其佚文遗教散见于周、秦诸书，而纪录失真，醇疵⑨互见，故司马迁有"百称黄帝，其文不雅驯"之说。盖其识不足以知圣人，故所述不尽合本旨也。是编以圣人之笔记圣人之言，传述既得精微，又以圣人亲闻于圣人，授受尤为亲切，垂诸万世，固当与典谟训诰共昭法守⑩矣。

乾隆四十六年十月恭校上。

总纂官臣纪昀、臣陆锡熊、臣孙士毅
总校官臣陆费墀

【注释】

①承颜：顺承尊长的颜色，指侍奉尊长。

②眷注：垂爱关注。

③温谕：温和指示，又特指皇帝谕旨。

④绅绎：引出端绪，整理出头绪。引申为阐述。

⑤编摩宝帙：编辑珍贵典籍。

⑥敷由皇极：铺陈帝王统治天下的准则。

⑦方轨：取法，比肩。

⑧粤：助词，相当于"曰"。

⑨醇疵：醇美与疵病，正确与错误。

⑩法守：按照法度履行自己的职守。